KB144173

PRINCIPLES OF
COOKING

이론과 실제를 종합적으로 이해하고 과학적인 기초지식을 습득

조리원리

이지현 · 이신정 공저

ⓑ (주)백산출판사

머리말

조리는 천연자연에서 얻은 식품을 원료로 하여 인간이 섭취하기 좋고 체내에 흡수될 수 있도록 하는 과정을 말한다. 조리는 식품의 구성 성분에 관한 이해를 바탕으로 하여 물리·화학적인 조작을 통해 식품에 변화를 유도하는 과학적인 과정이며, 인간의 오감과 식욕을 자극하는 원리를 기반으로 하는 중요한 학문이다.

2023년, 현재 식품산업이 날로 발달하고 있는 가운데에서도 고유의 조리법이 융합되고 넘쳐나는 가공식품 시장에서 외식산업의 발전에 과학적인 조리의 근간을 둔 새로운 식품산업이 각광받고 있다. 또한 식품의 풍미를 살리는 조리기술에 대한 대중들의 관심도 높아지고 있다고 할 수 있다.

본 교재는 조리의 기본이 되는 물리·화학적인 현상을 기초로 하여 조리의 대상인 식품 원료별 구조적 성질과 그에 따른 조리 현상을 기록·관찰하여 과학적으로 재해석하고 실제 음식에 적용 가능하도록 조리방법을 고찰함으로써 이론과 실제를 종합적으로 이해하고 과학적인 기초지식을 습득하고자 한다.

이 교재를 통하여 조리에 대한 새로운 인식과 함께 음식이 조리과정을 거쳐 만들어지는 과정을 과학적으로 이해하고 간과하기 쉬운 조리의 중요성을 다시 한번 생각하는 기회가 될 것이며 나아가 깊이 있는 조리과학 분야에 학문적 접근의 초석이 될 것이다.

끝으로 이 책이 출간되기까지 도움을 주신 백산출판사 진욱상 사장님과 직원 여러분께 진심으로 감사의 마음을 드립니다.

2023년
저자 이지현

CONTENTS

차례

CONTENTS

CONTENTS

CHAPTER
01

조리의 기초

CHAPTER

01

조리의 기초

---

1 식품과 조리

1) 식품

기호성과 영양소를 함유하고 있으며, 화학적인 물질로 구성되어 있고, 유해물질이 들어있지 않은 천연물 또는 가공품으로 인간이 섭취할 수 있는 것

- 영양소를 한 가지 이상 함유하고 있으며 유해물질이 포함되지 않는 것

2) 조리(cooking)

식품에 존재하는 유독하거나 좋지 않은 성분을 제거하고 안전성과 맛을 증진시켜 섭취하도록 하는 과정

- 좁은 의미 : 식품이라고 하는 소재를 먹을 수 있는 상태의 음식물(food)로 만드는 최종단계 작업을 말함

- 넓은 의미 : 식사계획에서부터 식품의 선택, 조리조작, 식탁 상차림 등 준비에서 마칠 때까지의전 과정
- 21C 조리의 과정은 곧 과학이고 예술이다.

(1) 식품으로 갖추어야 할 기본조건

① 영양적인 면

5대 영양소 배합이 잘 되어 있고 소화흡수가 쉬워 영양목적을 충분히 달성

② 기호적인 면

식품의 빛깔, 냄새, 맛, 형태 등을 좋게 하는 등의 기호적인 가치를 가지고 있어 식욕을 증진하고 소화액의 분비를 촉진

③ 위생적인 면

영양적, 기호적으로 훌륭한 식품이라도 위생적으로 유해하다면 식품으로서의 가치가 없음

④ 경제적인 면

식품과 조리에 관계되는 원리를 잘 이해함으로써 합리적인 조리를 통해 비용을 통제

⑤ 환경적인 면

local food, food mileage, slow food, LOHAS, eco cooking, green table

2 조리의 목적

① 소화성 향상

  가열하면 효소작용이 용이해서 소화흡수율 증가, 조리과정 중 절
  단, 침수, 조미, 가열, 연화로 소화성 증진

② 영양가 보존 및 향상

  식품 그 자체에 포함된 영양소가 파괴되지 않도록 하면서 단일 식
  품보다 양념 등 부재료를 첨가시킴으로써 영양가를 높임

③ 안전성 향상(독성부분의 제거)

  세척, 침수, 가열하는 동안 아린 맛, 독한 맛 등 불쾌 성분을 제거
  하고, 병원균, 기생충, 농약 제거

④ 기호성(맛) 향상

  조리법에 따라 맛이 달라짐

⑤ 외관 풍미 증진(관능적 품질을 향상)

  여러 가지 조화를 이용하여 조리의 외관을 좋게 함(맛, 냄새, 온
  도, 질감 등의 변화)

  * 여러 가지 향신료 사용(파, 마늘, Herb 등)

⑥ 기타 : 저장성 향상, 다양성

3 조리의 기초과학

1) 식품 속의 물

(1) 물의 성질

① 용출(Extraction)

재료 중의 성분이 용매로 녹아 나오는 현상

② 삼투압(osmosis)

농도가 다른 두 액체를 반투막으로 막아 놓았을 때, 농도가 낮은 쪽에서 농도가 높은 쪽으로 용매가 옮겨가는 현상에 의해 나타나는 압력 ▶ 조리에 이용 - 염장, 당장

③ 팽윤(Swelling) : 건조된 것을 물에 불리면 다시 불게 되는 현상
- 무한팽윤 - 무한정 팽윤되어 마지막에 물이 됨
- 유한팽윤 - 어느 정도 팽윤이 되면 더 이상 안 되는 것

④ 연수 : 칼슘염과 마그네슘류를 함유하지 않은 물

⑤ 경수 : 칼슘염과 마그네슘류를 다량 함유한 물로 단백질과 결합해서 단단하게 변성시킬 수 있음

(2) 식품의 물

결합수 (bound water)	유리수 (free water = 자유수)
• 용매로서 작용하지 않는다. • 매우 낮은 온도에서만 언다. • 증기압에 관여하지 않는다. • 유리수에 비해 밀도가 높다. • 효소활성화 또는 곰팡이 생육에 이용하지 못한다. • 해당식품 : 쌀, 밀가루 속의 수분	• 염류, 당류, 수용성 단백질, 수용성 비타민과 같은 가용성 물질을 용해시킨다. • 전분이나 지질과 같은 불용성 물질은 물 속에 분산시켜 교질상태로 만든다. • 0℃ 이하에서 얼며 식품을 건조시키면 쉽게 증발하고 미생물이 이용할 수 있다. • 해당식품 : 두부 속의 물

(3) 물과 용액

※ **용액** – 어떤 물질이 다른 물질 속에 용해되어 균질상태를 형성한 것

① **진용액(true solution)(1nm 이하 분자, 분자운동)**

소금, 설탕, 수용성 비타민, 무기질같이 분자량이 비교적 적은 물질들을 용해시킨 것

② **교질용액(콜로이드)(1~100nm, 브라운운동)**

식품에 함유되어 있는 여러 성분 중 진용액 상태는 아니지만 물에 분산 상태로 존재하는 것

> **》 콜로이드 용액의 안정성**
>
> **예 1** 토마토 수프
> 화이트소스를 사용하면 토마토의 산에 의해 우유 카세인이 덩어리지는 것 방지
> 화이트소스의 친수성 전분과 단백질을 첨가하면 이들이 카세인 분자를 둘러쌈으로
> 써 서로 합쳐지는 것을 방지한다.
>
> **예 2** 아이스크림
> 젤라틴과 같은 친수성 콜로이드를 첨가하면 카세인 단백질의 응고를 방지하여 얼음
> 입자가 작은 부드러운 제품을 만들 수 있다.
>
> **예 3** 소스를 만들 때 물 전분을 만들어 사용하는 이유
> 물에 충분히 수화되지 않은 전분을 사용하면 뜨거운 물에 넣었을 때 표면이 먼저
> 호화되어 전분 입자끼리 뭉쳐 멍울지게 된다. 풀을 쑤거나 소스를 만들 때 전분
> 은 먼저 찬물에 풀어 물전분을 만들어 사용해야 쉽게 호화되고 균일한 질감을 갖
> 는다.

③ 현탁액(100nm 이상, 중력의 작용)

현탁액에 분산되어 있는 입자는 매우 크거나 복잡해서 수분에 용
해되지 않을 뿐 아니라 쉽게 가라앉아 콜로이드 상태로 분산될 수
도 없다.

대표적인 예는 냉수에 전분이나 밀가루를 풀어 놓은 상태이다.

④ 유화액(emulsion)

유화액은 분산되어 있는 물질의 크기에 따라 교질용액에 속할 수
도 있고, 현탁액에 속할 수도 있으나 분산질이 분산매와 섞일 수
없는 액체라는 점에서 따로 분류한다.

마요네즈, 크림, 균질유 등에는 지방이 유화형태로 분산되어 있다.

* 하나의 액체가 서로 섞이지 않는 다른 액체 내에 콜로이드상으로 분산되
  어 있는 상태

- 수중유적형(oil in water, O/W) : 마요네즈, 샐러드드레싱 등
- 유중수적형(water in oil, W/O) : 버터, 마가린

(4) 졸과 겔

졸(sol)	겔(gel)
- 콜로이드 용액 중에서 흐를 수 있는 것 - 입자 하나하나가 떨어져 분산되어 있으며 활동성을 보인다. - 콜로이드 입자가 용액으로 분산되어 있다.	- 흐를 수 없어 반고체인 것 - 졸이 어떤 요인에 의하여 굳어진 상태 - 콜로이드 입자는 서로 연결 교차되어 있다.

① **가역적 gel** : gel의 구조가 약화되어 가열하면 sol로 되돌아가는 것

   예 족편, 생선조림, 곰탕 등

② **비가역 gel** : gel이 가열에 의하여 sol로 되돌아갈 수 없는 것

   예 묵, 달걀찜, 두부, 소스 등

③ **이장현상(syneresis)**

   gel상의 음식 중에는 시간이 경과되면 그물모양의 구조물을 형성하고 있는 분산물질이 흡수성이 약화되어 액체의 일부가 분리되는 현상

2) 조리조작

(1) 계량

음식을 만들 때 목적에 맞게 재료를 준비하고 조미하는 등 합리적인 조리를 위하여 분량을 정확히 재고 조리시간과 온도가 적절히 조절되어야 한다.

- 저울을 이용하는 무게측정과 계량컵, 계량스푼, 메스실린더 등을 이용하는 부피법이 있다.

계량 단위(ml = cc)	
• 1ts = 5ml • 1Ts = 15ml = 3ts • 1oz = 30ml • 1cup = 200ml = 약 13Ts • 1pint = 16oz • 1quart = 32oz	• 1gallon = 128oz • 1국자 = 100ml • 1되 = 1.8L = 1,800ml • 1L = 1,000ml • 쌀 1되 = 1.6Kg

- 밀가루 : 체 친 밀가루를 계량컵에 수북히 담아 스패출러로 편평하게 깎는다. 누르거나 흔들지 않아야 한다.
- 흑·황설탕 : 컵에서 꺼냈을 때 모양이 유지될 정도로 컵에 꾹꾹 눌러 담아 컵 위를 편평하게 한다.
- 백설탕 : 덩어리를 깬 후 측정한다.
- 베이킹파우더 : 덩어리를 깬 후 계량스푼을 이용한다.
- 버터 : 실온에서 부드럽게 한 후 꾹꾹 눌러 담아 공간이 없게 한 후 위를 편평하게 한다.
- 우유 : 투명계량컵을 수평상태로 놓고 액체의 밑면과 눈높이를 일치하여 읽는다.

• 꿀, 엿 : 계량량에 해당하는 컵에 가득 채운 후 위를 편평하게 한다.

▶ 종실치환법(씨앗대용법, 종자법)이란?
  - 수분을 흡수하는 식품의 부피 측정법으로 작은 씨앗을 이용한다. 예 떡, 빵 등의 식품

(2) 씻기

씻는 과정은 조리의 제일 첫 단계로 식품에 부착된 불순물과 유해하고 나쁜 맛을 내는 성분을 제거하여 위생적으로 안전하게 하는 것이 목적이다. 건식 세정법과 습식 세정법이 있다.

(3) 담금(수침)

수분이 적은 식품을 물에 담가 물을 흡수시키거나 식품 중의 나쁜 맛 성분이나 염분 등을 용출시켜 제거한다.

식품을 물이나 조미액 등에 담그는 목적은
① 수분을 주어 흡수, 팽윤, 연화시킨다.
② 불필요한 성분을 용출시켜 염분, 나쁜 맛, 피 등을 제거한다.
③ 변색을 방지한다.
④ 물리적 성질을 향상시킨다.
⑤ 방부성과 보존성을 높인다.(초절임법, 염장법)
⑥ 필요한 성분을 침투시켜 맛을 좋게 한다.

(4) 썰기

식품을 써는 것은 조리 시 가열과 더불어 매우 중요한 조리조작으로 요리의 개성을 나타내는 직접적인 수단이다.

① 비가용부분을 제거하고 가식부분의 이용효율을 높인다.

② 재료의 표면적을 넓혀 주어 열의 이동 및 조미성분이 용이하게 침투할 수 있도록 한다.

③ 모양, 크기, 외모 등을 정리하여 아름답게 해주기 위한 것이다.

(5) 혼합, 교반, 성형

① 혼합, 교반

혼합과 교반은 두 종류 이상의 식품재료가 균일하게 섞이도록 한다.
혼합, 교반의 목적은

㉮ 균일화(재료의 분포, 온도의 분포, 맛의 분포 등)

㉯ 물리성의 변화 및 개선(용해, 콜로이드 상태의 형성, 점탄성의 변화, 냉각, 거품, 유화, 글루텐의 형성 등)

㉰ 성분의 교환 촉진(맛, 색, 향기, 영양소의 이행 등)

② 성형

성형은 음식의 외형을 적당한 모양으로 만들거나 두께를 조절하기 위하여 행해지는 조작으로 목적은 먹기가 편리하고, 입속의 촉감을 좋게 하며, 외관을 아름답게 해주는 데 있다.

(6) 압착, 여과

수분이 많은 식품에서 물기를 빼거나 고체를 분리하기 위하여 행하는 조작으로 단독적으로 이루어지거나 마쇄, 교반, 혼합 등과 동시 또는 연속적으로 행하여진다. 압착하고 여과하는 목적은 고형물과 액체를 분리하고 조직을 파괴시켜 균일한 상태가 되게 하며, 압착은 모양을 변화시키거나 성형할 수 있도록 하는 데 있다.

(7) 냉각, 냉장

냉각은 0~10℃로 음식의 온도를 낮추는 것이며 냉장은 조리과정보다는 다 된 요리를 보관할 때 많이 행하여진다.

(8) 동결, 해동

동결은 식품 중의 수분을 빙결시켜서 동결상태로 만드는 것이고, 해동은 냉동식품의 빙결점을 용해시켜 원상태로 복구하는 것이 목적이다.

① 완만해동 : 조리 전 냉장고 내에서(5℃ 정도) 1일 정도 서서히 해동하는 방법이다.

② 유수해동 : 물은 공기보다 열전도가 좋으므로 공기 중에서 해동하는 것보다 빨리 녹는다. 10℃ 정도의 흐르는 물에서 해동하는 방법이다.

③ 급속해동 : 동결된 것을 그대로 가열하는 방법으로 전자레인지를 이용한다.

④ 실온해동 : 저온 해동보다 빠르나 식품의 표면과 내부의 온도
   차가 커서 육류 적용 시 육질의 맛이 저하된다.
   해동과정 중에 동결 시 얼음결정이 커지면서 세포의 조직이 파괴
   되어 해동 시 세포로부터 수분이 많이 빠져나오는 드립(drip)현상
   이 일어난다.

3) 조리와 열

(1) 전도(conduction)

분자의 운동 에너지가 다른 분자로 전달되는 현상

(2) 대류(convection)

가열되는 물질이 상하로 이동하면서 열이 전달되는 현상
(방향 : 무거운 것은 낮은 곳으로, 고체는 주위 따라)

(3) 복사(radiation)

열이 직접 전달되는 현상

(4) 극초단파(microwave)

식품을 구성하는 극성분자(물)가 고주판 전계 내에서 회전 진동하여
분자 상호 간의 마찰에 의해 발생하는 열

(5) 열전도율

열이 전도되는 속도를 나타내는 값

열전도율이 빠른 것은 열을 빨리 전달하는 대신 보온성이 적다.

(전도율 : 은 > 구리 > 알루미늄 > 철 > 유리 > 공기)

(6) 열효율

어떤 연료가 발생하는 열이 100% 이용되었을 경우 그 열효율은 100

이다.

열	방법	특징
전도	열이 물체를 따라 이동하는 상태	• 열전도율이 크면 클수록 열이 전달되는 속도는 빠름 • 금속일수록 열전도율이 큼
대류	가열되는 물질이 상하로 이동하면서 열이 전달	• 점도가 높을수록 열의 이동이 둔화 • 가열된 공기는 위로 올라가고 찬 공기는 아래로 내려옴
복사	열이 직접 전달되는 현상	• 전기, 가스레인지, 숯불 등에 음식을 직접 노출시켜 굽는 것 • 토스터에서 빵을 굽는 방법 • 복사에 가장 좋은 전도체 : Pyrex유리

(7) 가열조리

조리법	방법	특징
끓이기	액체를 매개체로 하고 대류에 의해 가열	• 100℃ 이상이 되지 않아 온도관리 용이 • 가열 중 재료 식품에 조미료 침투 용이
삶기	물 안에서 식품 가열	• 가열 중 조미하지 않음 • 수용성 성분, 영양소 손실이 많음

데치기	80~100℃ 열탕 또는 증기 이용
	보통 데친 물은 사용하지 않음
		• Blanching의 목적은 효소를 불활성화
		  시켜 변질이나 변색을 방지하는 것
		• 조직이 연해질 때까지 가열할 필요는
		  없음
		• 색을 더 선명하게 해줌
		• 데쳐낸 후 푸른 채소나 달걀은 고온으
		  로 유지되는 것을 막기 위해 냉수에 담
		  가 주며, 국수류도 삶은 후 냉수에 씻어
		  주어야 함

찌기 (찜)	수증기의 잠열(1g당 593kcal)로 식품을 익히는 방법	• 가열 중 조미가 어려움 • 수용성 성분 손실이 적음

압력솥
가열
	내부의 압력을 높여 물의 비점을
	상승시키는 원리
	시간, 열원 소모량도 감소되므로
	경제적임
		• 압력솥은 뚜껑이 고정, 밀폐되어 있어
		  가열 도중에 식품의 상태 관찰 불가
		• 가열시간이 조금이라도 지나치면 물러
		  버림

굽기	식품에 직접 열을 가하여 조리 (150~250℃)	• 식품은 수분을 잃어 중량 감소 • 성분은 농축되어 보존성이 커짐
볶기	적당한 기름으로 충분히 가열한 다음 단시간에 조리	• 조리 시 조작이 간편 • 고온 단시간으로 영양소 손실 적음 • 지용성 비타민의 흡수를 도움

전	간접구이에 가까운 가열조작	• 소량의 기름을 두르고 어패류, 육류, 채
		  소류 등을 지져내는 방법
		• 기름이 많으면 부분적으로 튀김에 가까
		  운 상태가 될 수도 있음

조리법	방법	특징
튀기기	높은 온도의 기름 속에서 짧은 시간에 익힘(150~200℃)	• 고온으로 조리하여 시간 단축 • 영양소 손실이 가장 적음 • 가열 중 조미가 어려움
전자레인지	극초단파 발생으로 식품 속의 분자가 180도 반복 회전하여 내부 마찰열로 가열되는 방식	• 가열시간이 빠름 • 식품의 중량이 많이 감소됨 • 고체든 유동체이든 그릇에 담은 그대로 조리 가능 • 색, 방향, 풍미가 유지되고 타지 않음 • 갈변반응이 일어나지 않음 • 금속제품의 용기는 사용할 수 없음

CHAPTER

02

곡류 · 전분 · 밀가루

CHAPTER

02

곡류 · 전분 · 밀가루

1 곡류

1) 곡류입자의 구조

- 곡류의 종류에 따라 다르기는 하지만 곡류 입자는 왕겨로 둘러싸여 있고 그 내부는 겨층, 배유, 배아 세 부분으로 구성되어 있다.
- 배유 성분이 많아질수록 기호성은 좋아지고, 배아 성분이 많아질수록 영양성이 좋아진다.

① 배아 : 곡류 낟알의 2~3%를 차지한다.
불포화지방산을 많이 함유하고 있으며 이 지방산은 불안정하여 lipase에 의해 산화되기 쉬우므로 시판되고 있는 곡류의 대부분은 배아를 제거하고 판매 배아세포에는 단백질, 지방, 무기질, Vit B 복합체, Vit E 등이 함유되어 있다.

② 배유 : 곡류 낟알의 대부분을 차지한다.

배유는 외부 겨층(호분층, 종피, 과피)과 접하고 있다.

호분층은 단백질과 지방이 풍부하지만 세포벽이 두꺼워서 소화가 잘 안되므로 도정하여 제거해야 한다.

- 배유세포에는 다량의 전분과 소량의 단백질 등이 함유되어 있다.
- 쌀은 도정 정도에 따라 현미와 분도미로 구분할 수 있다. 현미는 벼의 왕겨만 제거한 쌀이고, 분도미는 현미에서 겨층을 제거한 정도에 따라 5분도미, 7분도미, 9분도미, 10분도미(백미)가 있다.

[도정도와 도정률]

	도정도(%)	도정률(%)
	현미에서 겨층을 벗긴 정도	도정된 쌀의 무게에 대한 현미 무게 비율
현미	0	–
5분도미	50	96
7분도미	70	94.4
백미	100	92

* 도정도가 높을수록, 도정률이 낮을수록 소화율이 좋아진다.

2) 멥쌀과 찹쌀

쌀은 우리나라와 일본, 중국 동북부 지역에서는 벼의 낟알이 짧고 둥근 모양의 자포니카형(japonica type)이 재배되고 있고, 인도와 동남아시아 지역에서는 낟알이 가늘고 긴 인디카형(indica type)이 재배되고 있으며, 인도네시아 자바섬 지역에서는 자포니카형과 인디카형의 중간

특성을 가진 자바니카형(javanica type)이 재배되고 있다.

우리나라에서 주로 재배되는 자포니카형의 쌀은 멥쌀과 찹쌀로 구분되는데 95%가 멥쌀이며 주식용으로 소비된다.

멥쌀	찹쌀
• 우리나라에서 생산되는 쌀의 96% 차지 • 아밀로펙틴 약 80%, 아밀로스 약 20% 함유 • 요오드와 반응했을 때 청자색 • 멥쌀전분의 호화온도는 65% 정도 • 멥쌀은 반투명하고 비중은 1.13 • 멥쌀의 단백질 함량은 6.5~6.8%	• 찹쌀은 건조하면 유백색으로 변함 • 아밀로펙틴 100%, 아밀로스 0% 함유 • 요오드와 반응했을 때 적갈색 • 찹쌀전분의 호화온도는 70℃ 이상 • 찹쌀의 비중은 1.08 • 찹쌀의 단백질 함량은 7.4%

3) 보리

① 보리는 조단백 9.4%, 조지방 1.2%를 함유하고 있어 밀과 큰 차이가 없으나 전분 함량이 65%로 밀보다 적다.

② 섬유소 함량이 높아 소화가 잘 안된다.

③ 주요 단백질은 glutelin에 속하는 hordenin과 prolamin에 속하는 hordein이 있다.

④ 보리는 도정해도 쌀같이 속겨층이 완전히 제거되지 않을 뿐만 아니라 중앙에 깊은 홈이 파여 있고 그곳에 섬유질이 많아 소화가 잘 안된다. 따라서 소화율을 높이기 위하여 도정을 진행한다.

⑤ 보리의 활용

㉮ 압맥 : 고열증기로 부드럽게 하여 기계로 눌러 단단한 조직을 파괴한다.

㉯ 할맥 : 홈을 따라 잘라 모양과 색이 쌀과 비슷하고 섬유소 함량이 낮아 소화율도 높다.

4) 기타 곡류 : 귀리, 밀, 옥수수, 메밀, 호밀

5) 곡류의 조리

(1) 밥

① 쌀 씻기

- 수용성 성분의 용출로 무기질, 비타민 B군의 손실이 초래되며 특히 비타민 B_1의 손실이 가장 크다.
- 가볍게 휘저어서 윗물을 따르는 조작을 2~3회 행한다.

② 쌀 불리기

- 가열 전 수침은 쌀 전분호화에 큰 도움이 된다.
- 수분흡수 속도는 쌀의 성분 또는 전분의 호화특성과 직접적인 관계는 없고, 현미 겨층의 존재 유무, 겨층의 두께 및 조성, 온도 등에 의해 결정된다.
- 수침 시 흡수될 물의 양은 쌀 무게의 20~30%이며 온도에 따라 흡수 시간이 달라진다.

- 최대 흡수량은 70~80%까지 흡수되며 전분, 당분, 단백질이 용출된다.

일반적으로 냉수에 2시간 정도 불리는 것이 바람직하지만 시간을 단축하고자 할 때는 더운물에 30분간 불린다.

③ 물 붓기

밥 짓기 단계에서 첨가하는 물의 양은 끓이는 동안 증발하는 물의 양과 전분의 호화과정에서 필요한 물의 양을 고려해야 한다. 필요한 물의 양은 쌀의 품종, 쌀의 건조 정도, 쌀의 양에 따라 차이가 있으나 보통 씻은 쌀의 무게기준으로 1.5배, 부피기준으로 1.2배가 적당하다.

- 맛있게 지어진 밥의 함수량은 60~65%로 밥은 쌀 중량의 2.3배이다.
- 물의 양은 쌀의 종류, 건조, 상태, 쌀의 양에 따라 각각 달라진다.

쌀의 종류	중량(무게) 비율	체적(부피) 비율
백미(보통)	쌀 중량의 1.5배	쌀 부피의 1.2배
햅쌀	쌀 중량의 1.4배	쌀 부피의 1.1배
찹쌀	쌀 중량의 1.1~1.2배	쌀 부피의 0.9~1배

- 물의 분량 : 쌀의 양이 10인분으로 증가하면 물의 부피는 1.0배
  물의 분량 = 증발되는 물의 양 + 호화에 필요한 물의 양

④ 끓이기

- 가열 중에는 dextrin, 유리당, 유리아미노산이 침출되어 밥의 맛을 좋게 한다.
- 가열 시 전분 변화가 가장 크게 일어나므로 화력 조절을 잘 해야 한다.
- 화력조절 : 온도상승기(강불) → 비등기(중불) → 고온유지기(약불)

» • 온도상승기(강불) : 수온상승과 함께 수분흡수가 많아져 쌀이 팽창하여 micell 결합이 허술해짐
- 비등기(끓이기)(중불) : 가열에 의해서 물의 대류가 일어나므로 쌀이 유동한다. 쌀알의 팽윤이 계속되면서 끈기가 생기고 쌀은 점차 움직이지 않는다. 내부온도는 100℃를 유지하도록 화력을 중간 정도로 하여 5~10분 정도 가열
- 고온유지기(약불) : 고온이 유지되는 일정시간 동안 쌀 입자 중심부의 호화가 행해진다.
- 뜸들이기 : 불을 끄고 일정시간 동안 보온한다.

⑤ 뜸들이기

뜸들이기는 불을 끄고 보온상태를 유지해서 남아 있는 외부의 수분이 쌀알 내부로 스며들고 중심부까지 완전히 호화가 일어나는 단계로, 보온이 잘 유지되어야 밥맛이 좋다. 보온이 잘 안 되어서 온도가 떨어지면 밥알이 단단해지고 밥알 사이에 있던 수증기가 물방울이 되어 밥알에 맺히기 때문에 좋지 않다. 밥의 양이 많을수록, 두께가 두꺼운 솥일수록 보온이 잘 유지된다.

① 밥물 : pH 7~8의 물, 쌀 중량의 1.3~1.5배

② 염분 : 0.1% 미만의 소금 첨가

③ 쌀과의 관계 : 적당량의 청미, 수확 직후의 쌀, 쌀의 적당한 건조

④ 품종
Japonica종 – 쌀알이 짧고 동글동글하며 밥은 끈기가 있다.
Indica종 – 쌀알이 가늘고 길며 탈곡이 쉬우나 밥의 끈기가 약하다.

⑤ 쌀의 일반적 성분
- 일반적으로 amylopectin 함량이 높은 쌀일수록 밥의 찰기가 커지며 색도 좋다.
- 영양적으로는 단백질 함량이 높은 것이 좋으나 단백질 함량이 낮을수록 밥맛이 좋다.

⑥ 유리아미노산은 구수한 밥맛에 영향을 준다.
- 구수한 밥맛(글루탐산, 아스파르트산, 아르기닌)
- 맛없는 성분(트레오닌, 프롤린)

⑦ 밥의 냄새에 영향을 주는 물질
황화수소, 암모니아, 아세트알데히드, 프로피온알데히드, 아세톤, 이산화탄소 등의 복합적인 향

• 무쇠솥에 장작불로 한 밥이 맛있는 이유
열보유율이 높아 뜸이 잘 들여지고 보온이 되어 수증기가 적다.

• 뜸들인 후에 밥주걱으로 밥을 가볍게 섞어주는 이유
수증기가 밥알 표면에 응축되면 밥맛이 저하되므로 가볍게 섞어 물의 응축을 막는다.

• 밥맛에 영향을 주는 요인
품종 > 산지, 기상, 재배방법, 건조, 저장, 도정 > 수확, 유통, 취반

(2) 죽

• 쌀 부피의 5~6배 되는 물을 붓고 끓이는 것으로 주재료로 쌀을 많이 이용하며, 두류, 육류, 어패류 등도 곁들인다.
  - 쌀알을 그대로 쓰는 죽은 옹근죽
  - 쌀알을 굵게 갈아서 쓰는 죽은 원미죽
  - 쌀알을 완전히 곱게 갈아서 쑨 죽은 무리죽 또는 비단죽이라 한다.
  - 미음 : 곡물의 10배가량의 물을 붓고 푹 익혀 체에 받쳐 국물만 거른 것
  - 응이 : 곡물을 갈아서 앙금을 얻어서 쑨 죽(율무, 연근, 갈분, 녹두, 밀)
  - 암죽 : 곡물을 말려 가루를 만들어 물 넣고 끓인 것(떡암죽, 밤암죽)

>> **맛있는 죽 끓이는 방법**
  - 물은 쌀 용량의 5~6배로 처음부터 다 넣는다.
  - 용기는 열을 부드럽게 전하여 오래 끓이기에 적합한 돌, 옹기가 적절하다.
  - 나무주걱을 이용하고 가열초기에는 잘 저어주어야 하나 너무 지나치게 계속 저어주면 팽윤한 전분입자가 파괴되어 오히려 점도가 낮아진다.
  - 중불 이하에서 오래 끓인다.
  - 간은 곡물이 완전히 호화되어 부드럽게 퍼진 후 한다.

(3) 떡

떡은 곡물가루를 사용하여 만들며, 만드는 방법에 따라 찐떡, 친떡, 지진떡, 삶은떡 등으로 분류된다.

[떡의 종류]

찐떡	백편, 굴편, 녹두편, 쑥편, 찰편, 수리취떡, 느티떡, 무시루떡, 석탄병, 잡과병, 물호박떡, 두텁떡, 판시루떡, 쑥설기, 송편
친떡	인절미, 수리취인절미, 수리취절편, 개치떡, 골무떡
삶은떡	수수경단
지진떡	흰색주악, 은행주악, 대추주악, 찹쌀 부꾸미, 진달래꽃편, 화전
단자	석이단자, 대추단자, 쑥구리단자, 은행단자
기타	약식, 증편

>> **쌀가루를 익반죽 하는 이유?**
경단, 화전 등 찹쌀가루를 익반죽하는 이유 – 쌀단백은 밀단백과 같이 점성을 내는 gluten이 없으므로 반죽 시 끓는 물로 부분 호화를 일으킨다.

인절미를 떡메로 치는 이유?
떡메로 치는 물리적 동작으로 호화된 찹쌀 전분을 균일한 상태로 만들어주고, 찹쌀의 아밀로펙틴이 빠져나와 매끄럽고 찰진 질감의 떡이 된다.

2 전분

1) 전분의 구조

전분분자는 가열 시 엉기는 성질이 있는 amylose와 끈기를 가지는 amylopectin으로 구성되어 있다.

아밀로펙틴은 $\propto - 1, 4$ 글루코시드 결합이 정렬되어 있는 결정부분과 $\propto - 1, 6$ 글루코시드 결합으로 분지가 있는 비결정부분으로 결합되어 있으며 결정부분은 분자의 결합이 치밀하고, 비결정부분은 비교적 엉성하게 결합되어 있으면서도 분자배열이 규칙성을 나타낸다.

	아밀로스	아밀로펙틴
결합	$\alpha-1,4$ 글루코시드결합	$\alpha-1,4$ 글루코시드결합 96% $\alpha-1,6$ 글루코시드결합 4%
구조	직쇄상 구조 6~8개의 글루코오스 단위로 된 나선구조	직쇄상의 기본구조에 글루코오스 20~25개 단위마다 $\alpha-1,6$결합으로 연결된 짧은 사슬(평균 15~30개의 글루코오스)의 가지가 쳐지는 가지상 구조
중합도	500~2,000	20,000~100,000
평균 분자량	100,000~400,000	4,000,000~20,000,000
청색값	1.1~1.5 (청색)	0~0.6 (적자색)
내포화합물	형성함	형성하지 않음
가열 시	불투명, 풀같이 엉킴	투명해지면서 끈기가 남
호화 · 노화	쉽다	어렵다

2) 전분의 조리원리

전분의 조리 특성은 아밀로스와 아밀로펙틴의 비율에 따라 달라진다. 대부분의 전분은 15~30%의 아밀로스와 약 75%의 아밀로펙틴으로 구성되나 찰곡류는 거의 아밀로펙틴으로 구성되어 있다.

(1) 호화(α화, gelatinization)

생전분(β−starch)에 물을 붓고 열을 가하여 20~30℃ 정도가 되면 전분입자는 물을 흡수하여 팽창하기 시작, 계속 가열하여 60~65℃에서 급격히 팽윤하고, 70~75℃ 정도가 되면 전분이 완전히 팽창되어 전분입자의 형태가 없어지면서 점성이 높은 반투명의 colloid 상태를 호화전분($\propto$−starch)이라 한다.

① 호화에 영향을 미치는 인자

㉮ 전분의 종류 : 아밀로스 함량이 낮을수록 호화가 빠르게 시작한다. 보리전분과 쌀전분을 비교해보면 보리전분은 51.5℃에서 호화가 시작되어 59.5℃에서 호화가 종결되는 반면, 쌀 전분은 69℃에서 시작하여 78℃에서 종결된다. 아밀로스 함량에 따른 호화도의 차이를 비교해 보면 아밀로스 함량이 낮은 찰옥수수 전분은 64.6℃에 호화가 시작되어 80.5℃에 종결된 반면, 고아밀로스 함량인 옥수수 전분은 67.2℃에 호화가 시작되어 104.8℃에 종결되어 아밀로스 함량이 낮을수록 호화가 빠르게 시작된다는 것을 알 수 있다. 아밀로스 지질복합체가 많으면 물 분자가 전분 입자로 침투하는 것을 방해하여 전분의 수화와 팽윤을 억제하기 때문에 호화현상이 지연되며 호화 개시 온도가 높아진다.

㉯ 전분입자의 크기 : 전분 입자가 클수록 단시간 내 호화한다. (감자, 고구마 > 쌀, 보리)

㉰ 수침시간과 가열온도 : 가열 전 수침하면 호화되기 쉽고 균일한 질감을 얻을 수 있다.

㉱ 젓는 정도 : 전분의 균등한 용액을 만들기 위해서는 호화가 시작될 때 잘 저어주어야 하지만 지나치게 저어주면 전분입자가 팽창 후 파괴되어 점도가 낮아진다.

㉲ 첨가물

㉠ 물 : 물의 양이 많으면 호화되기 쉽다. 완전 호화되기 위한 물 양은 전분의 약 6배가 적절하다.

ⓛ 산 : 전분액에 산을 첨가하면 가수분해를 일으켜서 점도가
낮아진다. 전분에 산을 첨가한 음식을 만들 때는 전분을 먼
저 호화시킨 후에 산을 첨가하는 것이 좋다.

ⓒ 설탕 : 호화를 방해한다.

ⓔ 지방 : 전분의 수화를 지연시키고 점도가 증가하는 것을 방
해하므로 호화를 방해한다.

ⓜ 염류 : 대개의 염들은 팽윤을 촉진시켜 전분의 호화온도를
내려 주어 호화를 촉진한다.(황산염은 오히려 호화를 억제)

(2) 노화(β화, retrogradation)

- 호화된 전분을 그대로 방치해두면 β-전분에 가까운 상태로 된다.
  - α화 전분을 방치하면 전분분자는 서서히 평행으로 모이면서 인
    접한 전분분자끼리 수소결합을 하여 부분적으로 재결정구조를
    형성하게 되어 투명도가 떨어지고 침전하고, 소화 효소의 작용
    도 곤란해짐
  - 노화 예) 굳은 밥, 굳은 떡, 굳은 빵 등

① 노화에 영향을 미치는 인자

㉮ 전분 분자의 종류 : amylose는 직쇄상 분자로 입체장해가 없기
때문에 노화하기 쉽고 amylopectin은 분지상 분자이므로 입체
장해로 인하여 노화하기 어렵다.

㉯ 온도 : 0℃에서 60℃의 온도 범위에서는 온도가 낮을수록 노화
속도가 커진다.

전분의 노화는 0~5℃의 냉장온도에서 가장 쉽게 일어난다.

ⓓ 수분 : 수분함량이 30~60%에서는 가장 노화하기 쉽다.

ⓔ pH : 알칼리성에는 노화가 억제되며, 산성에서는 노화속도가 현저히 촉진된다.

ⓕ 농도 : 전분의 농도가 높을수록 특히 amylose의 농도가 높을수록 현저하다.

ⓖ 염류 : 무기염류는 일반적으로 호화는 촉진하고 노화는 억제하는 경향이 있다. 황산마그네슘($MgSO_4$)과 같은 황산염은 노화를 촉진하고 오히려 호화를 억제한다.

② 노화의 방지 방법

ⓐ 전분은 0℃ 이하로 급속 동결시킨 후 탈수하여 수분함량을 15% 이하로 한다.

ⓑ 80℃ 이상으로 유지하면서 수분을 제거하고 α화한 전분으로 만든다.

ⓒ 급격히 탈수시키면 호화된 상태 그대로 건조시킬 수 있다.

ⓓ 설탕을 다량 함유시켜 전분의 호화에 사용된 수분을 설탕으로 이행시켜 수분을 보유하여 노화를 억제한다.

ⓔ 유화제 – 전분교질용액에 모노글리세라이드, 디글리세라이드와 같은 유화제로 안정화한다.

[노화 억제 방법]

구분	식품 예	방법
수분함량 조절	비스킷, 건빵, 라면	굽거나 튀겨서 수분함량을 15% 이하로 조절
	케이크	설탕의 탈수작용 이용
온도조절	냉동 떡, 냉동 케이크	0℃ 이하로 냉동
	보온밥통에 저장된 밥	60℃ 이상으로 보온
재결정화 방지	케이크	유화제 사용

(3) 호정화(dextrinization)

전분에 물을 가하지 않고 160℃ 이상으로 가열하면 전분분자가 파괴되면서 여러 단계의 가용성 전분을 거쳐 dextrin으로 분해된다. 이 현상을 호정화라 하고 건열로 생성된 dextrin을 pyrodextrin이라 한다.

▶ 호정화가 되면

① 전분보다 좀 더 수용성이 되며 점성은 낮아진다.

② 색과 풍미가 바뀌는데 비효소적 갈변이 일어나고 지나치게 가열하면 탄냄새가 난다.

③ 식빵을 토스터에 구울 때, 기름에 밀가루 음식이나 빵가루를 입힌 음식을 튀길 때, 쌀이나 옥수수를 튀길 때 pyrodextrin이 생긴다. (미숫가루, 누룽지, 뻥튀기, roux 등)

(4) 전분의 당화(saccharification)

전분에 산이나 효소를 작용시키면 단당류, 이당류 또는 올리고당으로 가수분해 되어 단맛이 증가하는 과정을 당화라 한다.

① 전분은 산, 알칼리, 효소 등에 의하여 가수분해되나, 음식을 만드는 과정에서는 주로 산과 효소에 의한 가수분해가 진행된다.
② 전분에 산을 넣고 가열하거나 효소 또는 효소를 가지고 있는 엿기름 같은 물질을 넣고 효소의 최적온도로 맞추어 주면 전분이 서서히 가수분해 된다.

α-amylase	α-1,4 결합의 내부	• 무작위로 분해하는 액화효소 • 발아 중인 곡류, 타액에 함유
β-amylase	α-1,4 결합의 비환원성 말단	• 맥아당 단위로 분해하는 당화효소 • 고구마, 엿기름 등에 함유
glucoamylase	α-1,4, α-1,3 비환원성 말단	• 포도당 단위로 분해하는 효소, 포도당 제조
isoamylase	α-1,6	• 가지절단 효소

》 맛있는 식혜 만들기

식혜는 겉보리를 싹틔운 엿기름으로 쌀 전분을 당화시킨 것으로 여러 단계의 조리과정을 잘 조절해야 한다.

쌀 1컵 기준
① 엿기름의 선택(효소 선택) – 싹이 겉보리 알맹이 길이의 1.2~1.5배일 때 β-amylase 효소활성 최고
② 엿기름 물 만들기(효소 추출과정) – 물 10컵 + 엿기름가루 1컵을 면포에 넣어 30~40번 주물러 가라앉힌 후 맑은 윗물을 사용
③ 엿기름 삭히기(효소작용 과정) – 효소 최적온도인 50~70℃에서 밥을 삭힌다.
　→ 밥이 삭은 후 식혜밥은 체에 밭쳐 냉수에 씻어준다(가수분해 억제로 밥알 형태를 유지한다.)
　→ 식혜물은 끓인다.(아밀라제 등 효소를 불활성화시켜 시큼한 맛으로 변하지 않도록 한다.)

(5) 겔화(gelation)

- 전분을 냉수에 풀어서 열을 기히면 호회기 일어나고, 호회된 전분이 급속히 식어서 굳어지는 현상을 전분의 겔화라 한다.
- 아밀로스가 부분적으로 결정을 형성 - 도토리묵, 청포묵, 메밀묵, 오미자편, 중국음식 류우차이, 서양음식의 roux를 이용한 수프나 소스

(6) 전분의 조리에서의 이용

전분의 성질	이용음식
호화(gelatinization)	밥, 죽, 국수, 떡
호정화(dextrinization)	미숫가루, 누룽지, 토스트, 뻥튀기, 루(roux)
당화(sacharification)	식혜, 조청, 엿, 고추장
겔화(gelation)	도토리묵, 청포묵, 오미자편

(7) 전분 기능에 따른 식품의 예

기능	예
농후제	소스, 수프, 그레이비(gravy)
겔형성제	묵, 푸딩, 젤리
안정제	샐러드 드레싱
결착제	소시지 등 육가공제품
보습제	빵, 과자 등 토핑용
피막제	오브라이트(oblate)
희석제	베이킹파우더

3　밀가루

1) 밀가루의 종류

밀은 단단하기에 따라 연질밀과 경질밀로 나뉜다. 연질밀은 주로 박력분의 원료로 이용되고 경질밀은 단단하고 단백질 함량이 많아 강력분의 원료로 이용된다. 밀가루의 단백질 함량에 따라 강력분, 중력분, 박력분으로 나뉜다.

- 강력분은 경질밀로 만드는데 단백질이 약 12~16% 함유되어 있어 글루텐 형성이 용이하며 반죽을 만들면 크게 부풀어 오른다. 식빵, 퀵브레드, 페이스트리 등을 만드는 데 적합하다. 강력분은 박력분과 비교하여 단백질과 회분이 많은 반면 탄수화물 함량은 낮다.
- 중력분은 다목적 밀가루(all purpowe flour)라고도 하며 가정에서 주로 사용되는 밀가루이다. 단백질 함량은 10~13%로 강력분과 박력분의 중간 정도이며 글루텐 형성도 역시 중간 정도이다.
- 박력분은 연질밀을 제분하는 과정에서 약 70%까지의 가루를 섞어서 만든 것으로 단백질 함량이 8~11%이다. 글루텐 형성능이 상대적으로 약하여 주로 케이크를 만드는 데 사용된다.

종류	단백질(gluten) 함량	용도	원료 밀	특성
박력분	8~9%	쿠키, 튀김옷, 비스킷, 케이크	연질밀	전분함량 높아 부드럽고 바삭

종류	단백질(gluten) 함량	용도	원료 밀	특성
중력분	10%	국수, 수제비, 만두피	연질밀 + 경질밀	세면성, 퍼짐성 우수
강력분	11% 이상	식빵, 하드롤	경질밀	흡수율, 끈기, 탄력성 우수
초경질분	13% 이상	마카로니, 스파게티 등 파스타	듀럼밀	단백질, 회분함량 높음
글루텐분	41%	제과, 제빵 부재료		

- semolina : 듀럼밀에서 가공된 입도가 거친 가루로 회분함량이 높아 마카로니, 스파게티 등의 파스타 원료로 쓰인다.

2) 밀가루의 주요 성분

탄수화물 약 75%, 단백질 8~16%, 지질 약 2% 이하, 무기질 약 0.5%, 수분 13%. 그 외 Vit E, Vit B_1, B_2, B_6가 많이 함유되어 있고 카로티노이드계와 플라보노이드계 색소도 많다.

(1) 탄수화물

전분이 75~80%, 그 외 셀룰로스, 헤미셀룰로스, 펜토산, 당류가 함유되어 있다.

• 2~3% 함유한 펜토산 중 1/2의 수용성 펜토산은 반죽의 응집력에 작용한다.

(2) 밀가루 단백질의 특성

글루텐은 불용성 밀단백질인 글루테닌(glutenin)과 글리아딘(gliadin)의 복합체로 물 분자와 결합하여 망상구조를 생성한다. 글루테닌의 끝에는 황 함유 아미노산이 있어서 다른 글루테닌의 황 분자와 결합하여 강한 다이설파이드 결합(disulfide linkage)을 형성하고 코일처럼 꼬여 있어 탄성(elasticity)을 가진다. 반면 글리아딘은 치밀한 구조로 접혀 있고 다른 단백질과 약하게 결합하여 글루텐의 가소성을 가진다. 따라서 밀가루를 반죽하면 글루테닌은 길게 성장하고 틈에 글리아딘이 끼면서 탄력 있고 유연한 구조를 형성하게 된다. 밀가루에 물을 가하여 반죽하면 수분이 밀가루 속으로 침투하여 단백질과 전분의 표면에 흡착되고 반죽을 계속하면 질겨지기 시작하는데, 이는 글루텐이 형성되고 있기 때문이다. 글루텐이 충분히 형성된 반죽을 흐르는 수돗물에 주무르면서 씻으면 검(gum)이나 스펀지처럼 생긴 글루텐이 남기 때문에 눈으로 확인할 수 있다.

① glutenin : 물이나 알코올에 불용성인 단백질이며 반죽에 탄성을 준다.
② gliadin : 70% 알코올에 용해되는 단백질이며 반죽에 점성과 신장성을 준다.

(3) 지질

약 1.8% 지질을 함유하고, 배아에 지질이 가장 많다.

3) 글루텐 형성에 영향을 주는 요인

① 밀가루 종류 : 강력분이 단단하고 질긴 반죽으로 글루텐이 많이 형성된다.(수분이 많이 필요함)

② 물을 첨가하는 방법 : 소량씩 물을 가하는 것이 글루텐 형성에 도움이 된다.

③ 반죽을 치대는 정도 : 반죽을 치대는 것이 글루텐 형성에 도움이 되나 기계로 반죽 시 너무 강한 강도는 글루텐 결합을 파괴한다.

④ 밀가루 입자의 크기 : 입자가 작을수록 글루텐 형성이 용이하다.

⑤ 물의 온도 : 물의 온도가 올라가면 단백질 수화속도가 증가하여 글루텐 생성 속도가 빨라진다.

⑥ 첨가물

- 액체 : 물, 우유, 과일즙, 달걀 내 수분 등으로 밀가루 반죽 시 gluten 형성에 중요한 역할로 화학팽창제 반응으로 CO_2 형성 촉진, 설탕과 소금의 용해, 지방의 분산, 전분의 호화, 가열 시 steam 형성 등에 도움을 준다.

- 소금 : 소금 첨가로 반죽의 점탄성이 높아지고 protease의 활성억제로 gluten의 입체적 망상구조를 치밀하게 한다.

- 설탕 : 흡습성으로 밀 단백질의 수화를 감소시켜 글루텐 형성을 억제한다. 제품에 단맛을 부여하고 빵을 굽는 동안 표면의 설탕이 고

온으로 인하여 캐러멜화가 일어나 갈색반응을 나타내며 단백질이 연화작용한다. 이스트 발효 시 영양분이 된다.

- 달걀 : 글루텐의 형성을 도와 구조형성, 팽화제, 유화성, 액체원이 되며 색과 풍미도 준다.
- 유지 : 제빵 제조에서 효과적인 연화제이다. 밀가루 입자에 피막을 입히고 수화작용을 억제하여 gluten 형성을 방해하므로 부드럽고 바삭바삭한 질감을 준다.

[밀가루 반죽에서 재료의 역할]

우유	빵의 향미와 빵 속살의 질감 증진, 빵 껍질의 갈색화, 영양 가치 향상
액체	밀가루 수화, 전분의 호화, 용매 역할
달걀	구조 형성, 팽창 보조, 색깔과 향미 향상, 영양 가치 향상
설탕	단맛 부여, 부피 증가, 촉촉함과 부드러움 부여, 빵 껍질의 갈색화
소금	향미 부여, 반죽을 단단하게 함, 텍스처와 빵 속살 증진, 유통기간 연장
유지	연하게 함, 크리밍에 의한 부피 증가, 구조 및 바삭바삭함에 부여, 향미와 색깔 부여, 노화 방지
팽창제	부피 증가, 빵 속살의 텍스처와 향미에 기여

4) 팽창제

빵, 케이크, 도넛 등의 음식은 조리과정에서 부피가 팽창하는 현상이 나타나는데 이는 팽창제에 의한 현상이며 이 외에 공기와 수증기가 팽창에 영향을 미치기 때문이다. 이산화탄소는 생물학적 팽창제인 이스트를 이용하거나 식소다와 베이킹파우더 등의 화학적 팽창제를 이용한다. 이스트에는 여러 종류가 있으나 제빵용으로는 사카로마이세스 세레

비지애(Saccharomces cerevisiae)가 주로 이용되며 탄수화물을 영양원으로 하여 성장, 번식하면서 당을 발효시켜 이산화탄소와 알코올을 만든다.

- 물리적 팽창제 : 공기, 수증기
- 생물학적 팽창제 : 효모, 세균 → CO_2 발생
- 화학적 팽창제 : 식소다, 베이킹파우더 → CO_2 발생

(1) 공기

밀가루 반죽을 하는 과정에서 많은 공기가 혼입된다. 케이크나 쿠키 반죽을 할 때 설탕과 버터를 주걱으로 섞어 주는 크리밍(creaming), 크리밍한 혼합물에 우유와 밀가루를 넣고 섞는 폴딩(folding), 난백을 거품 내는 비팅(beating) 등의 조리방법에 의해 다량의 공기가 재료 속에 들어가며 이를 굽거나 찌면 팽창하여 음식을 부풀게 한다.

- 체에 칠 때, creaming 과정, beating 과정, folding 과정 등

(2) 수증기

수증기는 반죽에 사용되는 물이나 우유가 굽거나 찌는 과정에서 수증기가 되면서 팽창하여 반죽을 부풀게 한다.

- 물은 수증기로 변할 때 부피가 1,600배 이상으로 용적이 증가
- 증편, popover, cream puff 등
- 공기는 빵이나 케이크 반죽의 초기의 성분 혼합과정 중에, 수증기는 굽는 과정 중 작용

(3) 생물학적 팽창제

- 효모(yeast)를 사용하여 반죽 중의 당을 발효시켜서 CO_2와 alcohol 을 생성하게 하는 것
  - Saccharomyces cerevisiae : $C_6H_{12}O_6 \rightarrow 2CH_2OH + 2CO_2$
- yeast의 효소작용은 반죽의 온도, 반죽의 농도, yeast의 분량, 영양 물에 영향을 받는다.
- 반죽의 온도가 24~38℃에서 촉진되나 밀가루의 1~3%가 적당하다.
- 영양물로는 약간의 설탕, 효소, 암모니아 등으로 발효를 촉진 한다.

① 압착 효소(compressed yeast)

가장 많이 사용하는 형태로 기체 발생력이 가장 큰 반면, 수분 함량(65~75%)이 높아서 반드시 냉장 보관을 요한다.

② 건조 효모(instant active dry yeast)

활성건조효모, 속성팽창건조효모 등, 수분 8% 정도의 입자 형태로 장기 보관이 가능하고 취급하기에 편리한 점은 있으나, 재반죽 시간이 길고 가격이 비싸다는 단점이 있다.

[이스트빵 제조 시 유의사항]

공정	단계	유의사항
반죽 (mixing)	우유의 가열처리 및 효모의 산포	가열한 후 27℃로 식혀서 효모를 수화시킨다. 가열하지 않으면 반죽이 질어지고 끈적거리며 빵의 조직이 거칠고 부피가 작아진다.
	치대기(kneading)	글루텐이 적당히 형성되면 반죽이 끈적거리지 않고 탄력이 있으며 잘 늘어난다. 수많은 작은 기포가 반죽 표면에 생긴다.
발효 (fermenation)	1차 발효	반죽의 부피가 2배 정도 될 때까지 27~38℃(35℃)에서 발효시킨다.
	재반죽 (punching down)	과량의 이산화탄소를 빠져 나가게 하고 효모 주위에 영양소를 재배치하기 위하여 시행한다.
	2차 발효	글루텐 섬유가 지나치게 늘어나지 않도록 반죽의 부피가 2배 될 때까지 최종 발효시킨다.
성형(shaping)		반죽을 원하는 모양으로 만든다.
프루핑(proofing)		빵의 부피를 증가시키기 위해 베이킹 팬에서 반죽이 구워 놓은 빵의 크기가 될 때까지 다시 부풀린다.
굽기(baking)		205℃에서 10~15분, 177℃에서 30분간 굽는다. 빵 반죽이 처음 몇 분간 상당히 부풀게 되는데 오븐스프링(oven spring)이라 한다.

(4) 화학적 팽창제

① 중탄산나트륨(식소다)

반죽에 탄산소다가 남기 때문에 쓸쓸한 맛이 나고 밀가루의 flavone 색소가 알칼리인 탄산소다와 반응하여 황갈색이 됨

② 중탄산암모늄

반죽에서 분해되지 않고 남아 있거나 ammonia gas가 완전히 증발되지 않는 경우 맛이 나빠진다.

③ 유기산 함유물질

반죽에 적당량의 산을 함유한 식품 즉 butter milk, sour milk, chocolate, corn syrup, molasses 등을 첨가하면 무색, 무미, 무취의 중성염을 만들어 제품의 질이 개선된다.

④ baking powder

중탄산소다에 산을 형성하는 물질과 완화제로 전분을 넣어 이들 물질의 결함을 보완한 것이다.

베이킹파우더	작용	종류
단일반응 베이킹파우더	물에 닿으면 즉시 탄산가스 발생	주석산염 베이킹파우더, 인산염 베이킹파우더, 황산염 베이킹파우더
이중반응 베이킹파우더	물에 닿으면 일차로 소량의 탄산가스가 발생하고, 열을 가했을 때 본격적으로 탄산가스 발생	황산염-인산염 베이킹파우더

5) 밀가루와 물의 비율에 따른 분류

밀가루에 50~60% 물을 가한 단단한 상태의 반죽을 도우(dough)라 하며, 배터(batter)는 가수량을 100~400%로 하여 무르게 한 반죽이다.

배터는 도우의 경우와 달라 글루텐 형성을 가능한 억제할 필요가 있기 때문에 글루텐이 적은 박력분을 사용하여 가볍게 혼합한다.

밀가루 : 물		반죽상태	조리 예
도우	1 : 0.5~0.6	손으로 뭉쳐지는 정도	빵, 국수류, 만두피, 비스킷, 도넛
배터	1 : 0.6~1	손으로 뭉쳐지지 않고 흐르지도 않는 정도	찐빵, 소프트쿠키, 머핀
	1 : 1.3~1.6	천천히 퍼짐	핫케이크, 파운드케이크
	1 : 1.6~2	흐름	튀김옷, 스폰지케이크
	1: 2~4	줄줄 흐름	크레페

6) 밀가루 음식

(1) 팽창제를 사용하지 않는 음식

① 면류

우동·소면은 중력분, 중화면은 준강력분, 파스타(마카로니, 스파게티)는 강력분을 이용(국수를 만들 때는 3.5%, 만두피는 2.5% 소금)

② 루(roux) : 밀가루를 버터나 마가린 등으로 볶은 것

점성을 이용한 조리로 수프나 소스의 농도를 부여하여 특유의 풍미와 매끈한 맛을 준다.

③ 튀김옷 : 튀김옷은 밀가루 전분의 흡수성과 호화성을 이용한 조리이다.

- 전분은 가열에 의해 튀김옷과 재료로부터 물이 흡수되고 튀김옷을 고정하는 역할

– 튀김옷의 수분은 고온가열로 급격히 증발하고 대신 유지가 튀김옷에 흡착된다.

(2) 팽창제를 사용하는 음식

① **발효빵** - 이스트를 이용하는 것으로 식빵과 난(naan)이 대표적

② **비발효빵** - 이스트를 이용하지 않고 부풀리는 것

연·습·문·제

01 다음 중 밀에 대한 설명으로 옳지 않은 것은?

① 밀은 수확 시기에 따라 겨울밀과 봄밀로 나눈다.
② 붉은밀과 흰밀은 카로티노이드 함량 차이에 기인한다.
③ 밀알의 단단한 정도에 따라 연질밀과 경질밀로 나눈다.
④ 경질밀은 단백질 함량이 많아 강력분을 만드는 데 사용한다.

02 물과 결합하여 글루텐을 형성하는 밀단백질은 무엇인가?

① 알부민과 글로불린
② 글로불린과 글리아딘
③ 글리아딘과 글루테닌
④ 글루테닌과 글로불린

03 다음 중 팽창제가 아닌 것은?

① 중탄산나트륨
② 이스트
③ 베이킹파우더
④ 레시틴

04 도우 반죽을 이용하여 만드는 음식이 아닌 것은?

① 도넛
② 식빵
③ 크레페
④ 만두피

05 도넛을 만드는 방법으로 옳지 않은 것은?

① 도넛을 만들 때 주로 중력분을 사용한다.
② 도넛을 만들 때 설탕을 많이 넣으면 성형이 어렵다.
③ 도넛을 튀길 때는 여러 번 뒤집어 고루 익힌다.
④ 도넛을 만들 때 달걀을 많이 넣으면 단백질이 많아져 식감이 질겨진다.

✓ 정답 01 ① 02 ③ 03 ④ 04 ③ 05 ③

서류

03 서류

1 감자

감자는 가짓과에 속하는 일년생 식물이다. 줄기의 지하마디에 포복지(葡匐枝)가 생기고, 그 끝이 비대하여 괴경(tubor)이 형성된다. 괴경의 형태는 품종에 따라 구형, 편도형, 타원형, 편타원형, 장타원형, 원통형 등으로 다르고, 껍질의 색도 백색, 홍색, 황색, 적색, 자색 등 여러 가지이다. 감자의 내부 색은 백색과 황색이고 육질은 분질, 중간질, 점질로 구분되는데, 식용에는 분질이 좋다.

1) 감자의 성분

① tuberin : 감자의 단백질로 육질이 노란색일수록 단백질 함량이 많다.

② solanine : 감자의 유독성분, 외피와 발아부에 많고 중심부에는 적다.

햇볕에 쬐여 녹색으로 변한 껍질에도 상당량 존재하므로 조리 시 유의한다.

③ sepsin : 감자가 썩으면 생기는 독성물질로 심한 중독증상이 있다.

④ **감자의 갈변효소** : 감자의 아미노산인 tyrosin이 tyrosinase에 의해 산화하여 melanin 색소를 형성하기 때문이다.

> **》 감자 갈변 방지 방법**
> • 껍질 벗긴 감자를 물속에 담가 수용성 물질인 tyrosinase을 제거
> • 감자를 가열하면 효소가 불활성화되어 갈변 방지
> • 0.25%의 아황산 용액이나 강한 환원제(예 : ascorbic acid) 첨가

2) 감자의 종류

우리나라 감자의 품종은 남작, 와바, 케네벡, 새코, 시마바라 등이 있는데 아직 재배 또는 이용에 근거하여 분류되어 있지 않으며, 가장 많이 보급된 품종은 남작이다. 감자는 보통 봄에 종자를 심어 여름에 수확하는데, 근래에 와서 우리나라 강원도 대관령에서는 여름에도 기온이 낮으므로 여름에 심어 가을에 거두는 감자를 재배하여 1년에 2모작을 한다. 같은 품종이라 하더라도 봄에 심는 것과 여름에 심는 것에는 약간의 차이가 있는데, 특히 여름에 심는 감자는 전분 함량이 낮아 비중이 약간 가볍다. 식용으로 가장 좋다고 평가되는 감자는 표피가 매끄럽고, 껍질이 백색 내지 황색이며, 눈이 얕고, 살은 백색이며, 분질인 것이다.

① 점질감자(waxy potato)

식용가가 높은 것, 가열하면 육질이 약간 투명한 것 같은 외관을 나타내고 찌거나 구울 때 부서지지 않고 기름을 써서 볶는 요리에 적당하다.

– 볶음, 조림, 샐러드 등

② 분질감자(mealy potato)

식용가가 낮은 것, 조리했을 때 희고 불투명하며 건조한 외관을 나타내고 부스러지기 쉬운 성질이 있으므로 굽거나, 찌거나, 으깬 요리에 적당하다.

– 찐감자, 군감자, 매시트포테이토, 프렌치 프라이드 포테이토 등

3) 감자의 조리법

① 찐 감자

솥 위에 깨끗한 행주를 씌우고 뚜껑을 꼭 덮어 두면 뜨거운 감자에서 발생한 증기가 행주에 스며들기 때문에 감자가 질척해지는 것을 방지한다.

② 매시트포테이토

- 맛이 좋은 매시트포테이토는 보실보실하고 점성이 없어야 한다. 점성이 없는 매시트포테이토를 만들려면 감자가 뜨거울 때 부스러뜨려야 한다.
- 감자의 온도가 내려가 단단해진 감자를 힘으로 부서뜨리면 세포막의 파괴로 전분이 용출되어 점성이 생겨 감자를 부스러뜨리기 어려워진다.

③ 프렌치 프라이드 포테이토

- 감자를 기름에 튀겨서 만드는 음식을 제조할 때에는 당 함량과 튀기는 기름의 온도가 중요하다.
- 당의 함량이 좋은 감자로 프렌치 프라이드를 만들면 당이 캐러멜화되어 색이 지나치게 검게 변하고, 좋지 않은 쓸쓸한 맛이 난다.
- 조리 2~3일 전에 실온에 미리 꺼내어두면 당의 함량이 감소한다.

2 고구마

고구마가 달린 뿌리는 세근, 경근, 괴근으로 구분된다. 세근은 가는 줄기 모양의 뿌리이고, 경근은 비대하기는 하나 정상적으로 비대하지 않은 것이며, 괴근은 정상적으로 비대한, 소위 우리가 식용으로 하는 고구마이다.

1) 고구마의 성분

우리나라에서 사람들이 즐겨 먹는 고구마는 껍질의 색이 적색 계통이고, 크기가 적당하고 모양이 고르며, 표면은 매끈하고, 육질이 분질이며, 단맛이 강하다. 전분 추출용이나 주정용으로는 수확량과 전분 수율이 높고, 전분의 백도가 높으며, 가루의 점도가 높은 것이 좋다.

- 고구마의 주성분은 탄수화물로 그 대부분은 전분이다.
- ipomain : globulin의 일종인 고구마 단백질이다.
- 비타민 A, B$_1$, B$_2$, C, niacin 등이 함유되어 있고, 황색이 짙은 고구마는 카로틴 함량이 높다.
- 고구마의 비타민 C는 비교적 안정하여 고구마를 쪘을 때에도 70~80% 정도는 남아 있다.
- jalapin : 고구마 절단면의 흰색 수지배당체로 공기와 만나면 흑변되며 불수용성이 된다.
- 고구마를 가열한 후 건조시킬 때 고구마 표면에 생기는 하얀 가루는 주로 맥아당이다.
- 고구마의 갈변 : Chlorogenic acid, Polyphenol에 Polyphenoloxidase가 작용하여 갈변한다.

2) 고구마의 조리

① 고구마의 당화작용

- 고구마의 β-아밀라제에 의하여 당화작용이 일어나 단맛이 증

가한다.

- 이 효소는 60~65℃가 최적온도이며 65℃ 정도까지는 작용한다.

② 관수현상

- 고구마를 낮은 온도에서 가열하거나 도중에 가열을 중단하면 이후에 가열해도 연화가 안 된다.
- 세포막의 pectin이 세포 중의 Ca, Mg과 결합된 칼슘펙테이트가 되어 열에 불활성된 것이다.

③ 고구마의 저장조건 : 온도 : 13℃, 습도 : 90%

- Curing 처리란? (유상조직 형성, 뜸들임 현상)

  고구마를 저장 전에 32~34℃에서 4~6일간 두면 고구마 상처부분에 유상조직이 형성된다. 상처난 세포층이 코르크화하여 병균의 침입을 막고 저온에 대한 내구력이 증가한다.

- 고구마 흑반병(*Rhizopus nigricans*)에 의한 쓴맛(ipomeamarone) 예방

| 3 | 토란 |

- 주성분은 당질로 전분, galactan, pentosan, 덱스트린과 자당이다.
- 토란 특유의 단맛과 미끈거리는 질감은 galactan이다.
- 토란의 아린 맛성분은 homogentisic acid이다.

– 점질물질은 갈락탄과 같은 당과 단백질이 결합한 것으로 1% 소금
  물 또는 식초물로 씻는다.

4 구약감자

구약감자의 주성분은 수용성 식이섬유인 glucomannan이다. 구약감
자를 이용한 가공품으로 곤약이 있다.

5 돼지감자(뚱딴지)

주성분은 inulin으로 가수분해하면 과당이 생성되나 사람의 체내에서
는 분해효소가 없다.

6 마

주성분은 전분과 점질물이다. 점질물은 mucin으로 globulin과 man-
nan이 약하게 결합한 것이고, α-amylase등 효소를 많이 함유하여 소화
를 촉진시킨다.

7 카사바

카사바는 남아메리카 원산의 여러해살이 식물로 덩이뿌리를 이용한다.

카사바의 겉껍질에 유독성분인 청산배당체(HCN)를 주성분으로 한 리나마린(linamarin)을 함유한다. 분쇄하여 물로 씻어 내거나 가열하여 배당체를 가수분해하여 이용한다. 열에 파괴된다.

tapioca는 카사바 뿌리에서 분리한 식용전분으로 전분이 20~25% 함유, 칼슘과 비타민 C가 풍부하다.

8 야콘

땅속의 배라 부르며 Fructooligosaccharide, inulin, polyphenol 등을 함유한다.

연 · 습 · 문 · 제

01 다음 중 감자 단백질은?

① 타이로신   ② 테베린

③ 솔라닌   ④ 메티오닌

02 분질 감자의 특징이 아닌 것은?

① 분질 감자는 익혔을 때 희고 불투명하다.
② 감자에 펙틴질 함량과 분자량이 적으면 분질이다.
③ 분질 감자는 전분 함량이 많아 비중이 무겁다.
④ 익힌 분질 감자는 촉촉하고 끈끈하다.

03 고구마의 껍질을 벗기거나 썰어 공기 중에 노출시켰을 때 갈색으로 변하는 원인 물질은 ?

① 펙틴질   ② 칼곤

③ 타이로신   ④ 솔라닌

04 고구마를 잘랐을 때 나오는 유백색 점액의 성분은?

① 알라핀   ② 펙틴질

③ 폴리페놀 옥시데이스   ④ 피트산

정답   01 ②   02 ④   03 ④   04 ③

당류

CHAPTER

04

당류

1 당의 종류

천연감미료	설탕	• 사탕무나 사탕수수에서 얻는 당 • 조리에 사용되는 양 : 무침에는 2~8%, 잼 60~70% • 방부의 목적 : 50% 이상
	전화당	• 설탕을 invertase에 의해 가수분해(과당과 포도당의 동량 혼합물) • 설탕보다 단맛이 강하고 결정화되지 않음(양갱, 케이크에 이용)
	올리고당	• 천연식품에서 합성하거나 다당류를 효소로 가수분해해서 얻는 당 • 소화, 흡수가 되지 않아 저열량 감미료, 비피더스균의 증식인자
	당알코올	• 당이 환원되어 생성된 당알코올은 설탕은 0.4~1.0배 감미도 • 설탕 대체물로 청량감이 있고 혈당을 높이지 않음 • 포도당이 환원된 sorbitol은 Vit C의 합성음료, 무설탕 음료, 저열량 식품에 이용 • xylose에서 환원된 xylitol은 충치 예방효과로 껌, 아이스크림, 무설탕 제품에 이용
	과당	• 감미도는 설탕의 1.8배 정도로 천연의 당 중에서 감미도가 가장 높음 • 흡습성이 높음
	꿀	• 여러 가지 꽃에 꿀벌들이 소화효소를 작용시켜 설탕을 포도당과 과당이 함유된 전화당으로 전화시킨 것 • 과당함량이 많아 흡습성이 강해 꿀로 만든 빵, 과자는 촉촉함이 유지됨
	시럽	• 옥수수전분에 산분해효소를 넣어 가수분해한 corn syrup과 단풍나무 즙액에서 추출한 maple syrup – 제과, 제빵에 이용

	물엿	• 고구마, 쌀 등의 전분함유 식품에 산 또는 맥아에 함유된 β-amylase에 의해 전분이 가수분해 된 맥아당이 주원료인 감미료 • 조림 등의 요리에 사용하면 윤이 나고 질감이 부드러워진다.
	감초	• 감초의 단맛은 glycyrrhizin으로 너무 진하면 쓴맛이 있음
합성 감 미 료	아스파탐	• 설탕의 150~200배의 단맛(페닐알라닌과 아스파트산으로 합성) * 페닐케톤뇨증환자는 주의를 요함 • 열량이 적어 캔디, 시리얼, 냉동디저트, 음료수 등에 첨가 • 비가열, 산성 음료에 주로 이용함
	사카린	• 설탕의 200~700배의 단맛으로 열량이 없고 충치도 유발하지 않음 • 김치, 음료수, 어육 가공품, 영양보충용 식품, 환자용 식품, 뻥튀기 등의 일부 식품 첨가물로 사용되나 안정성의 논란이 있음

2   당의 특성

1) 감미도

- 과일과 꿀은 과당, 설탕은 서당, 시럽은 전화당이 주성분이다.
- 당 단맛은 설탕이 기준 : 이성체가 없어 온도에 따른 감미의 변화가 없다.
- 과당 > 전화당 > 설탕(자당) > 포도당 > 맥아당 > 갈락토스 > 유당

▶ 과당은 온도가 낮을수록 단맛이 강해져 과당이 많은 과일은 차게 먹을 때 더 달다.(포도당은 $\alpha > \beta$, 과당은 $\alpha < \beta$)

2) 용해도

- 단맛이 강한 과당이 가장 잘 녹고, 단맛이 약한 유당이 가장 잘 녹지 않는다.
- 온도가 높을수록 잘 녹는다.
  (설탕은 0℃에서는 179g/100ml, 100℃엔 487g/100ml 용해)

3) 용해점

설탕을 가열하여 160℃가 되면 결정상태의 설탕이 액체로 된다.

4) 흡습성

당류는 수분을 흡수하는 성질이 있는데, 특히 과당은 흡습성이 매우 높아 과당을 함유한 꿀이나 전화당을 넣어 만든 케이크는 촉촉한 상태를 오래 유지한다.

5) 가수분해

① 산에 의한 가수분해

설탕은 묽은 약산에 의해 가수분해 된다.(유당과 맥아당은 가수분해가 늦음)

② 효소에 의한 가수분해

설탕을 invertase로 가수분해 한 것, 꿀벌의 침 속에 있는 효소로 가수분해 된다.

③ 알칼리에 의한 가수분해

이당류에 알칼리를 첨가하면 당류를 파괴시켜 갈색의 쓴맛이 나는 생성물이 생긴다.

6) 갈변

당을 가열하며 caramelization과 maillard reaction에 의해 갈변이 일어난다.

① caramelization

캐러멜반응은 설탕을 170℃ 이상의 고온에서 가열하여 특유의 냄새가 나는 흑갈색의 캐러멜을 형성하는 것으로 약식과 춘장의 색으로 이용된다.

② maillard reaction

메일라드 반응은 포도당이나 설탕이 아미노산과 만나 갈색물질인 melanoidin을 형성하는 반응이다.
- 간장, 된장의 갈변, 달걀을 칠한 식빵

7) 설탕용액의 비점과 빙점

설탕용액은 물 1L에 설탕 1g당량(342g)이 녹아 있을 때마다 비점(boiling point)이 0.52℃씩 상승하며, 빙점(freezing point)은 -1.86℃씩 감소한다.

8) 가열 온도에 의한 변화

당류는 가열을 하면 달콤한 풍미가 생성되고 음식의 표면에 윤기를 주며 갈색으로 변화시킨다. 이는 당류의 캐러멜화와 아미노-카보닐 반응에 의한 현상이다. 설탕을 가열해서 녹는점(160℃)에 도달하면 액체상이 되며 이를 상온에 그대로 두면 투명하고 번들거리고, 깨뜨리면 비결정형의 고체가 된다. 설탕은 녹는점 이상으로 가열하면 캐러멜화가 되며 가열을 지속할수록 색이 점점 갈색화된다. 색의 변화는 설탕에서 수분이 분리되어 설탕 분자 중 수분함량이 감소하고 알데하이드, 케톤 등의 분해물질이 증가하면서 단맛은 점점 감소하고 쓴맛이 증가한다. 프럭토스는 110℃, 글루코스는 160℃ 이상의 온도에서 캐러멜화가 진행된다.

설탕 농후 용액은 가열 온도에 따라 물성이 변하므로 용도에 맞게 온도를 조절해야 한다.

[각 조리에서 설탕의 역할]

감미	단맛을 내므로 음식의 조미료로 사용됨
pectin gel 형성	jelly, jam 제조 시 60~65%의 당이 있어야 pectin gel이 형성됨
발효촉진	yeast 빵을 만들 때 yeast의 영양원이 되어 발효를 촉진함
난백의 기포안정	난백기포에 설탕을 넣어주면 기포가 안정되어 지속 시간 길고, 미세하고 부드러운 기포가 형성
결정성	당용액으로 미세한 결정을 만들어 캔디를 만들 수 있음
색과 풍미증진	단백질과 같은 질소화합물과 가열하면 마이야르 반응을 일으켜 독특한 향과 갈색 생성
식품의 보존성	당은 수분을 탈수하고 수분활성을 저하시켜 세균 증식 억제

지방산의 산화방지	당은 수분과 친화하여 수분에 용해되는 산소 양을 감소시켜 지방산의 산화를 억제
단백연화작용	당의 첨가로 응고를 지연시킴으로써 연화작용을 하여 부드럽게 함
식품의 질감 유지	흡습성이 높아 식품 중의 수분의 증발을 저해하고 건조를 방지하여 질감이 변화되지 않음
전분의 노화억제	생전분의 호화를 지연시켜 호화를 서서히 일어나게 하고, α전분의 β화를 지연
산화방지	껍질 벗긴 과일을 설탕물에 넣으면 효소적 갈변을 억제

3 당류의 조리원리

1) 캔디

과포화된 당용액의 결정성을 이용하여 결정형 캔디와 비결정형 캔디를 제조한다.

(1) 당용액

- 용매에 용해되는 당의 양에 불포화, 포화, 고포화용액으로 구분된다.
- 과포화용액은 용매에 녹을 수 있는 양보다 용질의 양이 많아서 충격을 가하거나 많이 저으면 결정을 형성하기 쉽다.

(2) 당의 결정화

- 과포화된 설탕용액을 100℃ 이상으로 가열한 후 냉각시키면 용해도가 낮아져 과포화된 부분이 핵을 형성하기 시작하고 그 후 핵을 중심으로 결정이 형성되는 것을 결정화(crystalization)라고 한다.
- 빠른 속도로 핵을 형성하기 위해 미리 고운 결정을 넣는 것을 seeding이라 한다.

(3) 결정형성에 영향을 주는 요인

① 용액의 성질

당의 종류에 따라 결정형성이 다르다.(포도당은 서서히, 설탕은 빨리 결정 형성)

② 가열 용액의 농도

설탕용액이 농축될수록 과포화도는 높아지고, 과포화도가 높을수록 결정의 크기는 작아지고 많아짐

이유

1. 과량의 설탕이 녹아있는 상태로 더 많은 수의 핵 형성으로 크기가 작은 결정이 많이 생성
2. 농축된 시럽의 점성으로 인해 성장하고 있는 결정의 표면으로 설탕이 빨리 이동하지 못해 결정 성장이 느려지고 결정의 크기는 작아진다.

③ 농축 온도

- 고온 농축(132~154℃) : 부서지기 쉬운 하드 캔디
- 저온 농축(112~130℃) : 폰당, 퍼지, 누가, 캐러멜 등 부드러운
  소프트 캔디

④ 냉각 온도

냉각 시 결정이 형성될 때의 온도가 낮으면 결정의 수는 많고, 크
기는 작은 미세한 결정이 생긴다.

이유

고온에서는 설탕 분자의 유동성이 커서 설탕분자의 이동이 쉽다.

⑤ 교반

- 과포화상태의 설탕용액을 저으면 핵이 쉽게 많이 형성된다.
- 미세한 결정을 얻으려면 온도를 내린 후 빠른 속도로 저어 주
  어야 한다.
  70℃ 교반 : 결정 크기 크고, 개수는 작음 / 40℃ 교반 : 많은
  핵과 미세한 결정이 형성
- 시럽을 만들 때 저으면 핵이 형성되어 결정화되므로 젓지 않아
  야 한다.

⑥ 용액의 순도(불순물의 존재)

- 용액에 용질 이외의 다른 물질이 있으면 설탕의 핵 주위를 둘
  러싸서 결정형성을 방해
- 당(포도당, 과당, 맥아당, 전화당, 꿀, 콘시럽), 버터, 우유, 크림,

달걀흰자, 유기산 등 첨가

(4) 결정형 캔디와 비결정형 캔디

① 결정형 캔디

결정형성을 작게 하는 것이 원칙이며 결정의 크기에 따라 texture
가 다른 캔디가 있다.
- 폰당(fondant), 퍼지(fudge), 디비너티(divinity) 등

② 비결정형 캔디

높은 온도에서 처리하여 결정이 생기지 못하도록 하며 결정방해
물질을 넣거나 설탕시럽의 농도를 고농도로 하여 결정이 없는 상
태로 만든 것이다.
- 캐러멜(caramel), 브리틀(brittles), 태피(taffy), 토피(toffee), 누
가(nougats), 마시멜로

2) 설탕을 이용한 조리

① 숙실과 : 생란, 율란, 조란, 생강초, 밤초, 대추초 등
  - 란 : 다져서 설탕, 꿀에 조리고, 다시 원래 모양으로 빚어 잣가루
    를 묻힌 것
  - 초 : 그대로 시럽에 조린 것

② 정과 : 연근정과, 도라지정과, 인삼정과, 생강정과 등

③ 젤리

- pectin에 산과 설탕을 넣어 가열하여 만들 때 가열 중 설탕을 2~3회로 나누어 넣는 것이 좋다.
- 잼, 마멀레이드

④ 설탕옷

- 볶음콩에 설탕액(115~120℃)을 가열하여 재빨리 섞어 설탕옷을 씌운다.

⑤ 빠스

- 중국요리에서 밤, 은행, 고구마 등을 튀겨낸 후 140~160℃로 가열한 당 용액을 부어 실이 당겨지는 것

연·습·문·제

01 찰 전분을 호화시키면 찰진 성질이 나타나는데 이와 관련된 성분은?

① 아밀로펙틴

② 포도당

③ 글루텐

④ 아밀로스

02 다음 중 전분을 가열하였을 때 나타나는 현상이 아닌 것은?

① 호화

② 젤화

③ 농후화

④ 호정화

03 설탕용액을 녹는점 이상 가열하면 수분을 잃고 설탕 구조가 깨지면서 갈색화 되는 현상은 무엇인가?

① 호정화

② 노화

③ 마이야르 반응(maillard reactions)

④ 캐러멜화

04 전분의 당화 현상을 이용하여 조리한 음식은?

① 약밥
② 묵
③ 엿
④ 쌀강정

05 묵 형성 여부를 결정하는 요인이 아닌 것은?

① 단백질 함량
② 아밀로스와 아밀로펙틴의 비율
③ 아밀로스 분자 길이
④ 전분의 농도

CHAPTER
05

육류 및 가금류

육류 및 가금류

육류는 인간이 식용으로 섭취하는 동물의 신체조직으로 동물성 단백질의 주된 급원이다. 전 세계적으로 많이 소비되는 육류는 소, 돼지, 닭 등이며 이 외에도 지역에 따라 양, 칠면조, 오리 등이 소비되고 있다. 육류는 동물의 종류뿐만 아니라 사용 부위나 연령 등에 따라 음식을 이용할 때 조직감과 풍미에 차이가 있다. 육류의 식용 부위는 대부분이 근육조직이며 소량의 결합조직과 지방조직이 근육 사이에 끼어 있고 이외에 골격, 내장육 등이 있다.

1 육류의 구조

1) 근육조직

근육조직(muscle tissue)은 동물의 움직임과 관련된 조직으로 근섬유(muscle fiber)라는 근육세포가 구성단위이다. 근섬유는 매우 가늘고 긴 원통 모양으로 표면에 근초(sarcolemma)라는 원형질막과 근섬유막에 둘러싸여 있다. 이 다발이 여러 개 모여서 근속막으로 둘러싸여 다시 다발을 형성하고 이러한 덩어리가 모여 근육막으로 둘러싸인 근육을 형성한다.

동물의 근육에는 뼈에 부착되어 있는 골격근, 내장과 혈관을 구성하고 있는 평활근, 그리고 심장에만 존재하며 독특한 형태를 가지고 있는 심근의 세 종류가 있다. 이 세 종류의 근육 중 식용으로 하는 고기는 골격근이다.

① 근육조직
- 골격근(횡문근), 내장근(평활근), 심근 → 가식부위는 골격근
② 근육조직의 세부구조
- 미세섬유(myosin, actin)가 모여서 근원섬유(myofibril) 구성
- 근원섬유 2,000개가 모여서 원통모양의 근섬유(muscle fiber) 구성
- 근섬유가 모여서 근막 → 근육 형성

2) 결합조직

결합조직(connective tissue)은 근육조직과 지방조직, 내장육 등 각각의 조직과 세포를 연결시키는 조직으로 결합조직을 이루는 주요 단백질 섬유는 콜라겐과 엘라스틴이다.

결합조직은 근섬유나 지방조직을 둘러싸고 있고 근육이나 장기를 다른 조직과 결합시키고 있다.

결합조직의 발달 : 수컷 > 암컷, 나이가 많을수록, 부위(목, 다리), 소고기 > 닭고기, 돼지고기

(1) 콜라겐 섬유(collagen fiber)

- 백색으로 윤이 나며, 직선상 섬유로 구부리기는 쉬우나 탄력성은 없다.
- 물과 가열하면 65℃ 부근에서 수용성의 젤라틴이 됨, 10℃ 부근에서 겔화된다.
- 젤라틴은 수용성이며 약산과 약알칼리 용액에서 쉽게 용해되는 성질이 있다.
- ▶ 콜라겐 : proline, hydroxy proline, glycine으로 구성단위는 트로포콜라겐(tropocollagen)

  * collagen peptide 사슬 → (3가닥)tropocollagen → (다수)collagen fibril → (다수)collagen fiber

(2) 엘라스틴 섬유(elastin fiber)

- 황색 결합조직이라고도 불리기도 하며 가지를 친 섬유로 고무와 같은 탄력성을 가지고 있다.
- 엘라스틴은 혈관벽과 인대에 존재하며 100℃까지 가열해도 거의 영향을 받지 않으므로 엘라스틴은 콜라겐과 같이 가열에 의한 육질의 연화에 기여하지 못한다.

(3) 레티쿨린 섬유(reticulin)

- 근섬유막의 주성분으로 섬세한 그물모양 조직을 형성하여 조직의 형체를 유지한다.

3) 지방조직

- 피하 또는 내장기관의 주위에 많이 축척되나 종류에 따라 지방의 침착부위가 다르다.
- 동물이 살찌면 지방세포는 근육 사이에 모이고 근육조직의 marbling을 형성하게 된다.
- 근육 사이에 분포한 지방을 marbling이라 하고 marbling이 잘 된 육류는 품질이 좋다고 한다.
- 동물의 나이, 식이, 운동량이 육류 지방함량에 영향을 미친다.

4) 골격

- 브라운 스톡(brown veal stock) : 어린 소뼈는 많이 끓였을 때 뼈 사이의 콜라겐이 젤라틴으로 되어 국물이 걸쭉해진다.
- 화이트 스톡(white beef stock) : 다 자란 소뼈를 사용해야 스톡이 탁해지지 않는다.

2 육류의 영양성분

육류에 가장 많은 성분은 수분이며 영양 성분으로는 단백질과 지질이 풍부하고, 티아민, 리보플라빈, 나이아신, 판토텐산 등의 비타민 B군이 함유되어 있다. 육류의 성분은 동물의 종류에 따라 차이가 있으며, 같은 동물이라 하더라도 품종과 부위에 따라 차이가 있다. 쇠고기에서 안심은 등심보다 수분과 단백질 함량이 높고 지질과 탄수화물이 낮다. 돼지고기에서 삼겹살은 등심보다 수분과 단백질 함량이 낮으며, 지방 함량은 7배가량 높다. 육류의 영양 성분은 동물의 연령에 따라서도 차이가 있다. 동물의 연령이 높아지면 육류의 수분 함량이 낮아지고 결합조직이 발달하여 육질이 질겨진다. 닭고기는 쇠고기와 돼지고기에 비해 지방 함량이 낮으면서도 불포화지방산의 비율이 상대적으로 높다.

1) 단백질

- 20%가 단백질인 우수한 단백질 급원식품

  근원섬유단백질(fibrous protein) – 약 60%

  근장(근형질)단백질(globular protein) – 약 30%

  결합조직단백질(stroma protein) – 약 10%

육장 단백질	근섬유단백질	myosin, actin, tropomyosin
	근장단백질	myogen, myoglobin
육기질 단백질		collagen, elastin
비단백태 질소화합물		아미노산, peptide, nucleotide

▶ 고기전을 만들 때 고기를 미리 잘 치대어 주물러 주는 이유는 무엇인가?

- 생고기 중의 미오신과 액틴은 결합되면 점착력이 점점 강해지는 성질이 있다. 그러나 열을 가하면 응고하여 점착력을 상실한다.
- 곱게 갈거나 다진 고기를 충분히 치대어서 세포 안의 단백질이 서로 잘 결합한 상태로 만들어 가열해도 흩어지지 않게 한다. 파·마늘 등 양념은 육류를 뭉치는 데에는 좋지 않으므로 곱게 다져야 한다.

2) 탄수화물

glycongen의 형태로 간, 근육에 약 0.5~1.0% 이하로 함유되어 있다.

3) 지질

- 5~40%로 대부분 중성지방이다.
- 지방함량이 많은 부위에는 수분함량이 적다.
- 어린 동물 : 수분함량이 많고 지방함량이 적다.
- 융점 : 양(44~55℃) > 소(40~45℃) > 돼지(33~46℃) >

  닭(32~33℃) > 오리(27~39℃)
- 불포화지방산 : 함량이 많을수록 융점은 낮아진다.
- 주요 지방산 : palmitic acid, stearic acid, oleic acid
- 조직지질 : 근육세포의 막을 구성 – 인지질, 당지질, 스테롤류 등으로 구성된다.
- 저장지질 : 인지질과 불포화지방산 함량이 낮아서 덜 산패한다.

4) 무기질

- 1% 정도 무기질, 인, 철, 약간의 칼슘이 있다.
- 나트륨(심장, 신장, 간), 칼슘(뼈에 함유, 근육에는 거의 없음)
- 칼슘, 마그네슘, 아연 등의 2가 금속이온은 전하를 띄어 물과 결합하므로 보수성과 관계 있다.

5) 비타민 : 비타민 B_2, 나이아신 등

비타민 B복합체 – 돼지고기(B_1), 비타민 A(심장, 신장 등 내장)

3 육류의 사후경직과 숙성

1) 사후 경직현상

동물을 식육으로 이용하기 위해서는 건강한 동물을 선별하고 위생적으로 도살하여 부위별로 분할하는 과정을 거친다. 도살 직후에 근육조직은 일시적으로 이완되어 바로 분할과정을 거치지만 곧 근육이 뻣뻣해지고 굳는 사후경직(rigor mortis) 상태가 된다. 사후경직은 도살 이후 세포 내 혈액순환이 정지되고 산소 공급이 중단되면서 근육조직에 젖산이 축적되고, pH가 5.5로 떨어지면서 나타나는 현상이다. 이 상태에서는 고기가 단단하고 질겨 맛이 떨어지고, 가열조리를 하더라도 질기기 때문에 사후경직이 풀린 다음에 조리하는 것이 바람직하다.

① pH의 변화 : 도살 전 7.0~7.4 → 경직과정 6.5 → 최하 5.4
   → pH 5.4가 되면 더 이상 젖산을 생성하지 못하기 때문에 5.4 이하로 내려가지 않음
② 혐기적 해당과정 : Glycogen의 lactic acid 생성에 의한 pH 저하
③ pH 6.5 이하부터 인산효소(phosphatase) 활성화
④ ATP → ADP → AMP
⑤ actin + myosine → actomyosine(경직)
⑥ 보수성의 저하 : ATP의 분해로 Ca^{2+}이 근수축을 촉진
⑦ 경직 시작 : 소, 돼지 12~24시간 후, 닭 6~12시간, 생선 3~4시간
   → 경직 중에는 조리에 이용할 수 없다.

2) 숙성

숙성(aging)이란 사후경직이 일어난 후 시간이 경과되면서 경직이 풀리는 과정이다. 육류의 숙성은 주로 근육에 있는 효소에 의해 진행된다. 효소는 도살 직후 세포의 기능이 중단되면 세포에 작용하여 단백질은 아미노산, 글리코겐 포도당, ATP는 감칠맛을 주는 IMP로 분해되며 지방 역시 향을 생성하는 지방산으로 분해된다. 이러한 성분들은 숙성된 육류의 독특한 육류 향(meaty), 고소한 향(nutty)에 기여한다. 효소는 육류의 연육효과를 가져온다.

① 단백질 분해효소인 cathepsin에 의하여 자기분해가 일어나 펩타이드나 아미노산이 생성되어 맛과 풍미가 좋아지고 연해진다.

② 보수성이 좋아진다.

③ 고기는 10℃ 이하 보관

④ 쇠고기 도살 후 10일, 돼지고기 3~5일, 닭고기 12시간~1일

>> **사후경직과 숙성의 진행과정**

도축(pH 7.0~7.4) → (글리코겐) 분해, 젖산 생성(pH 저하) → 초기 사후경직(pH 6.5) → ATPase활성화 → ATP분해로 actin과 myosin결합(액토미오신) 생성 → 최대 사후경직(pH 5.5) → 젖산 생성중지, 보수성 최소,
: 단백질 수화를 방해하는 Ca^{2+}의 작용을 억제하는 ATP감소, //
단백질 분해효소(카텝신) 활성 시작 → 근육조직 분해 → 근섬유질 분해
→ 경직상태 풀어짐(숙성)

숙성 : 식육의 연화, 보수성 증가, pH 높아짐, IMP, 이노신산 생성
ATP → ADP → AMP → IMP(감칠맛 성분) → 이노신(inosine, 감칠맛 성분) → hypoxanthine
숙성 시 단백질의 자가소화, 핵산분해물질의 생성, 콜라겐의 팽윤, 육색의 변화
* 퓨린염기, IMP, 이노신, 이포크산틴은 증가

[육류의 사후경직과 숙성기간]

종류	경직 시작	최대 경직(냉장)	숙성(냉장)
쇠고기	12시간	24시간	10일
돼지고기	12시간	24시간	3~5일
닭고기	6시간	12시간	2일

* 사후경직의 시간과 경직정도는 동물체의 크기에 비례하고, 저장온도와 반비례한다.

4 육류의 색

1) 미오글로빈(myoglobin)

미오글로빈은 육색소로 근육세포에 산소를 보유하는 역할을 한다.
① 나이↑, 운동량↑, 미오글로빈↑ : 고기의 색깔은 진해진다.
② 동물의 종류 : 소 > 송아지 > 돼지 > 닭

2) 헤모글로빈(hemoglobin)

헤모글로빈은 혈색소로 혈류에 산소를 운반한다.

3) 색소의 변화

육류의 색은 주로 육색소인 myoglobin과 혈색소인 hemoglobin에 의해 변화한다.
- oxymyoglobin : 신선한 쇠고기의 선홍색 상태

- metmyoglobin : 육류가 공기 중에 장기간 노출되어 있거나 세균에 의해 육류 표면의 산소분압이 감소되면서 갈색화가 된 생태 ($Fe^{2+} \rightarrow Fe^{3+}$)
- nitrosomyoglobin : myoglobin에 아질산염(NO_2) 처리한 것으로 안정화된 선홍색
- hematin : 육류는 가열하면 온도가 상승함에 따라 myoglobin의 단백질 부분이 변성을 일으켜 변성 globin과 회갈색의 hematin이 된다.

5 육류의 조리원리

1) 가열에 의한 변화

(1) 단백질 변성

근원섬유를 50℃ 이상으로 가열하면 collagen이 gelatin으로 되면서 연해지고 근원섬유 단백질은 변성 응고하여 단단해진다.

(2) 색의 변화

① 가열시 고기의 색깔은 60~65℃와 75~80℃ 사이에서 변한다.
② 불고기나 육포를 만들 때 설탕이나 물엿을 넣고 조미하여 가열하면 고기의 단백질이 당과 mailard 반응이 일어나 적갈색이 된다.

[서양조리에서 고기의 가열정도]

가열 단계	고기의 내부온도	내부	표면	가열 단계
덜 구운 정도 (rare)	60℃	선명한 붉은색	엷은 회갈색	부드럽고 풍만
반쯤 구운 정도 (medium)	71℃	연분홍색	회갈색	육즙이 많으나 풍만하지 않음
잘 구운 정도 (well done)	77℃	회갈색	회갈색	육즙이 적고 퍽퍽함

(3) 중량감소, 수축, 보수성 감소

30~40℃에서는 근육단백질의 polypeptide가 풀어지면서 이온결합 또는 수소 결합이 형성하여 응고되며 pH 5.5 부근이 되면 수화성이 떨어진다.

(4) 향미의 변화

육류는 숙성과정에서 아미노산, 당, 감칠맛 성분, 염 등의 맛 성분이 증가할 뿐만 아니라 새로운 향미 성분을 생성하여 조리된 육류의 풍미를 더욱 증진시킨다.

가열조리에 의하여 생기는 맛과 향기는 고기 중에 있는 아미노산, polypeptide, 저분자 탄수화물의 상호작용으로 나타나고 지방 중에 유리지방산이 가열 후에 증가하므로 고기의 맛에 영향을 준다. 육류의 냄새 성분은 조리법에 따라 차이가 있다. 로스팅, 브로일링 등은 고온에서 조리되기 때문에 수분이 증발하면서 표면이 건조되어 크러스트가 생기고 마이야르 반응이 일어나면서 향기 성분이 생성된다. 육류의 마이야르 반응은 질소, 산소, 황 등이 있는 방향성 탄화수소물질이 생성되면서 로스팅 냄새(roasted)가 생기고 이 외에 풀냄새, 꽃냄새, 양파냄새(oniony), 매운 냄새(spicy) 등 수백 종의 향기 성분이 생성된다.

(5) 지방조직의 변화

지방세포는 주로 콜라겐막으로 싸여 있으며 조리에 의하여 콜라겐막이 젤라틴으로 변함과 동시에 막이 터진다.

2) 맛의 변화

(1) 단백질

유리아미노산은 거의 모두가 구수한 맛을 가지고 있으나 그중에서 글루탐산은 IMP와 함께 존재할 때 한층 더 구수한 맛을 돋우어 준다.

▶ 단백질이 분해되면 아미노산이 되고 일부는 알데히드, 케톤, 알코올, 휘발성 아민과 함께 황화수소, 머캅탄, 설피드, 디설피드 등의 황화합물이 생성

(2) 지방

고기에 존재하는 지방은 그 자체로 구수한 맛을 가지고 있기는 하나 가열에 의하여 용해되어 지방세포로부터 유출되어 고기의 조직을 부드럽게 한다.

(3) 당

당류로서는 포도당, 과당, 리보오스, 이노시톨이 약간 존재한다. 가열했을 때 이들 당이 아미노산 반응을 일으켜 익은 고기의 구수한 맛을 낸다.

(4) 핵산

고기의 맛에 크게 영향을 주는 인자로 nucleotids, purines, guanidine 화합물로 뉴클레오티드는 ATP가 분해하여 생성되는 물질로 특히 이노신산 또는 IMP이다.

(5) 냄새

가열한 고기의 냄새는 고기에 함유되어 있는 일종의 수용성 물질이 가열에 의한 여러 가지 화학반응의 결과이고, 또 하나는 고기의 지방 및 지방에 함유되어 있는 휘발성 물질이 변하여 나는 냄새이다.

3) 육류의 연육도와 연화방법

(1) 연육도

육류를 평가하는 가장 중요한 요점은 고기의 연육도(tenderness)이다.

(2) 연화방법

① 기계적인 방법

가는 기계(meat chopper)에 고기를 갈거나, 고기를 칼로 살짝 저미거나 칼로 고기를 다지면 근육섬유와 결합조직이 끊기기 때문에 연해진다.

▶ 근섬유의 길이 직각방향으로 썰거나 칼집을 내어 섬유를 파괴한다.

② **염과 당의 첨가** : 근원섬유 단백질이 염용해성으로 소금을 1.3~1.5% 가해주면 보수성이 증가하고 가열 시 중량손실도 적다. 그러나 염농도가 5% 이상으로 높아지면 탈수되거나 오히려 더 질겨진다. 또한 설탕량을 다량으로 첨가했을 때는 질겨진다.

③ **조리에 의한 방법**

㉮ 습열조리 : 편육, 장조림, 탕, 찜 stewing, braising 등이 있으며 이들은 충분한 물을 사용하여 콜라겐을 젤라틴화 한다.

㉯ 건열조리 : 구이, 튀김, 전, roasting, broiling 등이 있고 이 방법으로 조리하는 고기는 결합조직의 양이 적은 연한 부위를 사용한다.

④ **효소에 의한 방법** : 고기에 단백질 분해효소를 가해 단백질을 분해한다.

㉮ 파파야 – papain은 상온에서는 거의 효과가 없으며 55℃에서 활성이 급증하여 80℃까지 작용이 계속되나 85℃에서는 불활성화 되어 작용이 정지한다.

㉯ 파인애플 – bromelin(신선한 파인애플 사용)

㉰ 무화과 – ficin

㉱ 키위 – actinidin

ⓜ 배, 무, 생강즙

⑤ 산 첨가 : pH를 약간 산성화하면 수화력이 증가하여 연화되나, pH
가 5.5가 되면 등전점이 되므로 응고되어 단단해진다.
▶ 산성의 과즙, 레몬, 레몬껍질, 토마토, 식초, 포도주에 담그
는 방법(marinade)

⑥ 기타 : 식육을 동결하면 식육 속의 수분이 단백질보다 먼저 얼어
서 용적이 팽창하고, 조직의 파괴로 약간의 연화작용이 나타난다.

4) 육류의 부위

(1) 쇠고기의 부위별 명칭

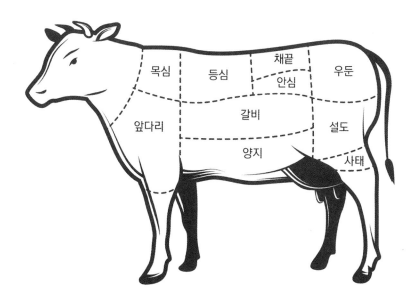

[쇠고기 부위별 용도]

부위명칭		용도
목심	neck	불고기
앞다리	blad/ cold	불고기
등심	loin	구이, 스테이크
채끝	strip loin	구이, 스테이크
갈비	rib	불갈비, 찜갈비
안심	tender-loin	구이, 스테이크
설도	butt & rump	산적, 불고기
우둔	topside / inside	산적, 불고기
양지	brisket & flank	국거리
사태	shin / shank	장조림

(2) 돼지고기 부위별 명칭

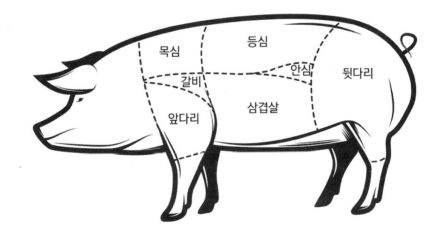

[돼지고기 부위별 용도]

부위명칭		용도
목심	neck	구이, 수육
갈비	rib	불갈비, 찜갈비
등심	loin	돈가스, 스테이크
안심	tender–Loin	안심가스, 구이
삼겹살	belly	불갈비, 찜갈비
앞다리	blade / cold	불고기, 장조림
뒷다리	ham	산적, 불고기

▶ 돼지고기는 반드시 속까지 익혀 먹어야 하는 이유?

- 돼지고기에 감염되는 촌충은 선모충과 유구촌충(유규조충, 갈고리촌충)이 있는데, 유구촌충의 미성숙 충(낭미충)이 감염된 돼지고기를 섭취한 경우 신경손상이 일어나게 된다.

- 유구촌충은 중심온도가 77℃ 이상이 되어야 사멸한다. (쇠고기 무구촌충은 66℃ 이상에서 사멸, 돼지고기 선모충 치사온도 58.3℃ → 중심온도 65℃ 가열)

5) 육류의 조리방법

결합조직이 많은 부위는 물에 장시간 조리하는 습열조리법을, 결합조직이 적은 부위에는 건열조리가 적당하다.

(1) 습열 조리

– 습열에 의한 조리는 결합조직 중의 콜라겐 성분이 젤라틴이 되어

수용성이 되므로 근육섬유가 뭉그러지기 쉬워 고기가 연해진다.

- 결합조직이 많은 사태, 꼬리, 양지머리, 도가니, 중치육, 장정육 등의 부분은 습열 조리법을 이용한다.

- 서양 조리에서는 braising, steaming, simmering, stewing, boiling 등이 있다.

① 탕 : 양지, 사태, 꼬리, 사골, 우족 등

- 탕은 고기의 수용성 단백질, 지방, 무기질, 엑기스 성분이 최대로 용출되도록 하기 위해 찬물에서부터 끓이기 시작하고 끓으면 중불로 3~4시간 끓인다.

- 다진 고기에 양념을 해서 고기장국을 끓일 때에는 먼저 고기를 살짝 볶은 다음에 물을 붓고 끓임으로써 고기의 비린 냄새를 없앤다.

② 찜 : 사태, 꼬리, 갈비 등의 질긴 부위 이용

- 찜은 소량의 물 또는 액체에서 고기를 중불로 은근히 찌는 조리법이다.

- 찜요리는 쇠고기, 돼지고기, 닭고기 등을 각각 이용한다.

- 찜요리의 공통점은 중불로 끓인 후 양념과 갖은 고명을 넣고 다시 끓인다는 점이다.

- 고기를 삶기 전에 양념을 해서 찜을 만들면 찜은 마르고 부드럽지 못하다. 간장과 염분이 점점 고기 속으로 삼투하여 탈수작용을 일으킨다.

- 찜은 약간 싱겁게 간을 맞추는 것이 무난하다. 처음부터 짜게 양

념을 하면 식어서 다시 데울 때 고기찜의 조직은 부드러움을 잃게
된다.

③ 장조림

- 장조림은 가장 쉬운 가정용 고기 저장법의 하나며 보존기간이 길다.
- 대접살, 우둔육, 쐬악지, 사태육 등 지방분이 적으며 근육섬유 묶
  음이 많은 부위를 선택한다.
- 고기는 큼직한 크기의 토막으로 썰어서 고기가 덮일 만큼의 물을
  붓고 고기가 연해질 때까지 삶은 뒤 간장 양념을 넣는다.
- 처음부터 간장을 붓고 고기를 삶으면 식육의 수분이 탈수되어 단
  단하고 질겨져 아무리 장시간 동안 끓여도 고기는 연해지지 않고
  더운 굳어진다.

④ 편육

- 편육은 국물보다 식육을 목적으로 하므로 따뜻한 물에서부터 조리
  해서 맛 성분이 많이 유출되지 않도록 한다.
- 쇠고기 편육 : 양지육, 사태육, 업진육, 쇠머리, 우랑, 콩팥, 장정육,
  우족 등
- 편육을 만들 때는 먼저 고기를 냉수에 담가 혈액이 밖으로 나오게
  한 후 끓는 물에 고기를 덩어리째 넣어서 약 3시간쯤 삶은 다음
  젓가락이나 꼬챙이로 찔러봐서 잘 들어가고 빨간 피가 나오지 않
  으면 건져서 1~2초 동안 냉수에 담갔다가 건진다.
- 고기를 처음 물에 담가 피를 밖으로 나오게 하는 이유는 피의 응고
  로 편육의 빛깔이 검게 되는 것을 방지하기 위함이다.

⑤ 수프 스톡

- 외국 요리의 수프에도 한국 요리의 탕이나 국거리와 같이 운동을
  많이 한 부위의 고기 즉 neck, chuck, leg, brisket, flank, tail 등을
  이용한다.

- brown stock
  - 쇠고기를 두꺼운 냄비나 프라이팬을 뜨겁게 해서 기름 없이 고기
    를 볶으면 고기는 갈색이 된다.
    이것을 고기의 갈색화(browning)라고 하며 맛과 색이 좋다.
  - 재료의 1/3을 먼저 볶은 다음 나머지 고기도 합하여 냉수에 담가
    두었다가 갈색의 국물이 우러나게 한다. 그런 다음 국물의 온도
    가 85℃ 정도를 유지할 수 있는 중불로 3시간 이상 끓이면 국물
    은 더욱 보기 좋은 갈색을 띠며 브라운스톡이 된다.

- white stock : 고기 또는 뼈를 볶지 않고 끓인 수프
- 부용(bouillon) : 브라운 스톡의 기름을 제거한 후 각종 향신료로
  간을 맞춘 맑은 beef soup

⑥ 스튜(stew)

- 스튜는 서양식 찜으로 식육을 익힌 후 채소와 토마토 혹은 토마토
  페이스트 등을 넣는다.

- 스튜에는 brown stew, light stew, 토마토 stew가 있다. brown
  stew는 육류를 조미한 밀가루에 잘 굴려서 기름에 갈색이 나도록
  볶으며, light stew인 경우에는 볶는 과정을 생략한다.

- 토마토 또는 토마토 주스를 넣고 끓이면 식육의 pH를 약산성으로
  만들어 고기는 더욱 연해진다.

– 토마토나 토마토 주스를 stew에 넣을 때에는 고기가 익은 다음에 넣어야 한다.

　이유 고기가 익기 전에 토마토를 넣으면 토마토의 lycopen이 흡착되어 불쾌한 적색을 띠게 되고, 토마토를 넣고 너무 장시간 끓이면 스튜의 산미가 높아져 맛이 저하된다.

(2) 건열 조리

구이나 스테이크 같이 물을 사용하지 않고 직접 또는 간접적으로 열을 가하여 조리하는 방법으로 등심, 안심, 채끝살과 같이 마블링이 잘되어 있고 연한 부위를 이용한다.

① 구이

안심, 등심, 갈비, 쐐악지 등을 가장 많이 사용하나 곱창, 콩팥, 간 등도 이용한다. 양념 없이 구워도 육류가 연해지는 것은 고기 자체에 들어있는 물을 흡수하여 결합조직이 젤라틴화 되기 때문이다.

- 열에 의해 식육 표면의 단백질이 응고되어 내부육즙의 용출이 적고 caramel화가 되어 특유한 풍미와 맛이 있다.(강불 → 약불)

② 불고기

식육을 얇게 썰어 간장양념에 재웠다가 굽는 것이다.

- 너무 오래 재워놓으면 식육이 탈수되어 질기고 맛이 없어진다.
- 키위, 파인애플, 배 등을 넣어 효소작용으로 식육을 연화시킨다.

③ 떡갈비구이

갈비살을 다져서 양념한 뒤 끈기가 생기도록 많이 치대어 모양을 만들어 팬에서 또는 직화구이 한다. 많이 치대야 끈기가 생기고 매끄럽게 잘 뭉쳐지는 이유는 염용성 단백질인 미오신이 염에 녹아 나와 엉기기 때문이다.

④ 적

육적으로 알려진 우리나라의 제수용 우적을 비롯하여 산적, 누름적, 잡산적, 장산적 등이 있다. 서양 요리의 브로일링 또는 팬 브로일링에 해당한다.

- 산적 : 재료를 양념하여 꿰어 옷을 입히지 않고 굽는 것
  • 잡산적 : 염통, 간, 처녑 등을 바꾸어가며 꿰어 굽는 것
  • 장산적 : 구운 뒤 장에 조린 것
  • 섭산적 : 꿰지 않고 구운 것

- 누르미와 누름적
  • 누르미 : 꼬챙이에 꿰어 굽거나 찐 것에 즙을 쳐서 먹는다.
  • 누름적 : 쇠고기와 채소류를 꼬챙이에 끼워 양념한 후 밀가루와 달걀옷을 입혀 부친다.

⑤ 전

쇠간, 처녑, 양 등의 내장은 조리과정에서 불쾌한 냄새가 나기 쉬우므로 전을 부친다.

보통 얇게 떠서 소금과 후추를 뿌려 놓았다가 밀가루와 달걀물을

씌워서 기름에 지진다.

내장을 얇게 썰어서 전을 부치면 가열과정에서 생기는 휘발성 지
방분이 전에 사용되는 기름 또는 달걀노른자의 지방분과 합쳐져
해소된다.

- 간으로 전을 만들 때 미리 간의 혈액을 물로 씻어야 전의 표면
색이 깨끗하다.

⑥ 튀김(frying)

튀김은 건열조리에 있어서 비타민 B군의 손실이 가장 적고 고기
의 비린 냄새를 없애기 때문에 널리 이용된다.

사용하는 밀가루는 글루텐 성분이 적은 박력분이 좋으며, 소금을
다량 사용하면 반죽은 힘이 생기므로 많이 사용하지 않는다. 만약
박력분이 없을 때에는 감자전분 또는 옥수수전분 등을 이용한다.

> • 튀김옷을 사용하면 내용물의 수분을 그대로 보유하여 속은 부드럽고, 튀김옷은 바
삭한 이중의 식감을 느낄 수 있다.
> • 튀김조리가 끝나면 기름을 빼는 종이에 담아서 표면의 기름을 뺀다.
> • 고기튀김은 먹기 직전에 다시 한번 살짝 튀긴다. 이것은 반죽 속의 수분을 조금 더
증발시킴으로써 고기튀김 거죽의 조직과 맛을 더 낫게 하기 위해서다.

⑦ 로스팅(roasting)

오븐, 전기 오븐 등을 이용해서 고기를 굽는 조리고기를 낮은 온
도에서 로스팅하면 고기의 액즙이 많아서 맛이 좋다.

⑧ 브로일링(broiling)

브릴링(brilling), 바비큐가 대표적 요리. 직화에서 육류를 굽는 것으로 우리나라 구이는 주로 불 위에서 고기를 굽는 데 비해서, 서양 요리에는 전기 오븐 속의 윗부분에 있는 코일 밑에서 팬에 고기를 받쳐서 굽는 오븐 브로일링(oven-broiling)이 많다.

구이 또는 브로일링은 고기 표면의 단백질이 응고되어서 내부의 단백질 유실을 막기 때문에 맛이 농후하다. 구이와 브로일링은 훈취와 캐러멜화된 맛이 독특하다.

⑨ 팬 프라잉

소량의 기름을 프라이팬에 둘러서 가열조리 하는 방법을 팬 프라잉이라고 하며 고기의 양쪽을 갈색으로 기름에 볶는다.

기름에 볶은 고기에 물을 붓고 뚜껑을 덮고 끓이면 브레이징(braising)이 된다. 소테잉(sauteing)도 팬 프라잉과 동일하다.

(3) 건조 조리

건조 조리에는 포가 있으며 쇠고기, 꿩고기 등을 재료로 한다. 종류로는 소금을 사용하는 염포, 양념간장에 재워 말리는 약포(藥脯), 부드럽게 다진 쇠고기를 판대기로 지어서 참기름을 바르고 채반에 펴서 만든 편포 등 7~8종이 우리나라에 알려져 있다.(대추 편포, 필보 편포)

- 육포는 우둔육 또는 대접살같이 지방분이 적고 살코기가 많은 부위를 택해 얇게 떠서 간장, 후추, 설탕으로 재워 말리며 다 말린 후 참기름을 발라 윤택이 나게 한다.

6 가금류

1) 가금류의 조리원리

가금류는 강한 불에 조리하면 단백질이 질겨지고 크게 수축하여 육즙이 손실된다. 따라서 적당히 낮은 온도로 조리해야 연하고 육즙이 많다.

육류와는 달리 가금류는 완전히 익혀 먹고 되도록이면 조리 직후에 먹어야 한다.

냉동되었던 가금류를 조리하면 흔히 뼈가 어두운 색으로 변하는데 이것은 냉동과 해동을 하는 과정에서 골수의 적혈구가 파괴되어 암적색으로 나타나기 때문이다. 이러한 색의 변화가 향미에 영향을 주지는 않는다.

- 가열에 의한 화학반응은 닭 크기가 작고, 피하지방이 적을수록 적변이 잘 일어난다.
- 변화를 방지하려면 해동하지 않고 냉동된 가금류를 직접 조리하거나 전자레인지에 신속하게 조리를 하면 다른 방법에 비해 변색을 막을 수 있다.

2) 가금류의 저장

가금류는 살모넬라 등에 감염되기 쉽게 때문에 손질하는 과정에서 많은 주의를 기울여야 하며, 구입 후 가능한 한 빨리 조리해야 한다.

냉장고에 저장할 때에는 1~2일간 저장할 수 있으며 냉동 저장할 경우에는 더 오래 저장할 수 있다.

가금류를 냉동할 때에는 내장 부분을 제거하여야 내장에 들어 있는 효소의 작용으로 인한 품질저하를 막을 수 있다.

연·습·문·제

01 육류의 성분 중 가장 많은 함량을 차지하는 것은?

① 단백질
② 지질
③ 수분
④ 비타민

02 쇠고기 부위 중 장조림용으로 가장 적합한 것은?

① 목심
② 등심
③ 안심
④ 사태

03 근섬유와 지방조직을 둘러싸고 있는 조직은 무엇인가?

① 결합조직
② 근육조직
③ 골격조직
④ 내장조직

04 육류를 가열할 때 나타나는 현상이 아닌 것은?

① 결합조직의 콜라겐이 젤라틴화되어 부드러워진다.
② 육색이 갈색으로 변하는 것은 옥시미오글로빈 때문이다.
③ 육류를 가열하면 향미 성분, 맛 성분이 증가한다.
④ 미오신이 응고되면서 근수축이 일어나 고기가 단단해진다.

05 다음 육류의 조리법 중 습열조리법은 무엇인가?

① 브로일링(broiling)
② 팬브로일링(pan broiling)
③ 로스팅(roasting)
④ 브레이징(braising)

CHAPTER 06

어패류

CHAPTER 06

어패류

어패류는 그 종류가 매우 다양한데, 조직학적으로 보았을 때 척추를 가진 어류와 단단한 껍데기가 육질을 둘러싸고 있는 갑각류, 조개류와 연체류 등으로 분류된다.

어류는 보통 서식하는 곳이 해수인지 담수인지에 따라 해수어와 담수어로 나누고, 서식하는 물의 깊이와 온도에 따라서 분류하기도 한다. 해수어 중 깊은 바다에 사는 어류는 주로 흰살 생선이 많고, 얕은 바다에는 붉은살 생선이 많은 편이다.

① **저지방(5% 이하), 고단백(15~20%) 생선** : 흔히 볼 수 있는 생선이 여기에 속하는데 대표적인 것으로 대구, 도미, 가자미 등이 있다. 특히 다랑어와 넙치는 단백질이 20% 이상으로 매우 고단백인 생선이다.

② **중지방(5~15%), 고단백(15~20%) 생선** : 첫 번째 부류의 생선 다음으로 흔한데 고등어, 연어 등이 대표적인 것이다.

③ **고지방(15% 이상), 저단백(15% 이하) 생선** : 은대구, 정어리 등이 있다.

고래는 포유류이지만 바다에 서식하는 수산동물이므로 식품군을 나눌 때 어패류와 함께 논의되고 있다.

1 어패류의 구성성분

1) 일반성분

단백질, 탄수화물, 무기질 등은 수분과 지질에 비하여 변동이 적다. 수분이 많은 종류일수록 단백질 함량은 낮은 경향이 있다.

일반적으로 탄수화물 함량은 1% 이하로 낮으나 패류에서는 저장물질로 지질 대신 글리코겐을 함유하여 그 함량이 상당량에 이르는 것도 있다.

- 생선은 흰살 생선과 붉은살 생선(혈합육이 많다)으로 나눈다.
- 어류의 구조단백질이 소금과 같은 염에 녹는 성질을 이용하여 생선살에 2~3%의 소금을 넣어 으깨면 생선 단백질이 엉긴다. 이러한 성질을 이용하여 어묵을 제조한다.

2) 맛 성분

근육으로부터 물에 의해 용출되는 성분들 중 단백질, 색소 등 고분자 화합물을 제외한 성분들을 추출물(extractive)이라고 하는데 이것들은 맛 성분으로 중요하다.

추출물 중에는 질소를 함유한 성분들이 많이 들어 있으며 근육세포의 대사와 관계있는 여러 가지 유기 및 무기 화합물이 함유되어 있다.

(1) 유리아미노산

- 추출물 중 주요 함질소 화합물은 유리아미노산과 저분자의 펩티드들이다.
- 붉은살 생선의 농후한 맛은 IMP와 히스티딘 함량이 많기 때문이다.

(2) 트릴메틸아민 옥시드

- Trimethylamine oxide(TMAO)는 해수어에 들어있는 성분으로 약한 단맛이 있다.

(3) 베타인

- 동물체의 대사물질로 상쾌한 단맛과 구수한 맛을 가지고 있다.
- 새우, 오징어, 연체동물, 갑각류의 조직에는 베타인이 함유되어 있다.

(4) 뉴클레오티드

- 여러 종류의 뉴클레오티드 중 ATP, AMP, IMP가 구수한 맛과 관계 있다.
- 뉴클레오티드와 글루탐산이 섞이면 맛의 상승작용이 있다.

(5) 유기산

- 어패류 근육 중에는 호박산(succinic acid)이 함유되어 있다.
- 특히 조개류의 근육에는 그 함량이 높다.

3) 냄새성분

- 어류의 비린내는 종류와 선도에 따라 다르다.
- 해수어의 비린내는 트리메틸아민(trimethylamine, TMA)이다.
- 담수어의 비린내는 리신으로부터 만들어지는 피페리딘(piperidine)이다.
- 어류의 선도가 떨어지면 TMA의 양이 증가할 뿐만 아니라 ammonia, H_2S, methylmercaptan, indol, skatole, histamine 등이 생성된다.

2 어패류의 색

가다랑어나 다랑어 같은 활동량이 많은 생선의 근육은 붉은색이므로 붉은살 생선이라고 하고, 도미나 대구, 광어같이 해저에서 사는 생선의 살은 희기 때문에 흰살 생선이라고 한다.

붉은살 생선의 붉은색은 헤모글로빈과 미오글로빈으로서 상당히 함량이 높다. 그 이유는 활동하는 데 필요한 에너지를 발생하기 위해 산소가 많이 필요하기 때문이다. 다랑어의 경우 보통 살에 약 0.5%의 미오글로빈이 존재하는 데 비해 흰살 생선에는 거의 없다. 암적색의 혈합

근에는 보통 살보다 훨씬 많은 헤모글로빈과 미오글로빈이 존재한다.

새우나 게의 껍데기에는 연어나 송어의 어육에 있는 것과 같은 아스타잔틴이 단백질과 결합하여 청록색의 색소 단백질 상태로 존재한다. 가열하면 단백질이 색소에서 떨어지므로 유리형 아스타잔틴은 본래의 색인 적색을 띠게 된다. 따라서 새우나 게는 가열하면 푸르스름한 색에서 붉은색으로 변한다.

① 어류의 붉은색은 미오글로빈과 헤모글로빈에 기인하는데 그중 미오글로빈이 주가 된다.

② 참치의 살에는 미오글로빈이 0.5%가량 함유되어 있는데 흰살 생선에는 미오글로빈이 거의 없다.

③ 어육을 장시간 공기 중에 방치해 두거나 가열하면 옥시미오글로빈이 산화되어 미트미오글로빈이 되어 어육의 색이 갈색으로 변한다.

④ 연어, 송어의 육색소는 carotenoid 색소인 astaxanithin으로 붉은색을 띤다.

⑤ 새우나 게에 있는 astaxanthin은 가열하면 astacin이 되어 선명한 적색이 된다.

⑥ melanin은 어류의 표피나 오징어의 묵낭(먹물 주머니) 등에 존재하는 색소로서 티로신으로부터 합성된다.

⑦ 갈치와 같은 생선의 껍질이 은색으로 빛나는 것은 주로 구아닌(guanine)과 요산이 섞인 침전물이 빛을 반사하기 때문이다.

3 어패류의 사후경직과 자기소화

생선도 다른 동물과 마찬가지로 죽으면 경직이 일어나 살이 굳는다. 하지만 경직 상태가 일어날 때까지의 시간과 경직이 계속되는 시간은 육류보다 짧다.

일단 경직이 일어난 후 시간이 경과하면 생선이 다시 물러지는데, 그것은 여러 가지 분해효소에 의해 근육 단백질을 비롯한 다른 물질들이 분해되기 시작하기 때문이다. 이 현상을 자기소화라고 하는데, 이때는 근육 단백질이 서서히 분해되어 유리아미노산이 많이 생기고, ATP도 분해되어 여러 가지 분해산물로 변한다. 글리코젠은 분해되어 젖산이 되고, 크레아틴포스페이트는 크레아틴이 된다. 이러한 분해산물 중에서 ATP, AMP, IMP, 젖산, 글루탐산, 저분자 질소 화합물들은 어육의 맛을 돋운다.

- 붉은살 생선이 흰살 생선보다 경직이 빨리 시작되며 시간도 짧아 자기소화도 빠르다.
- 어육은 수육과 달리 자가소화가 일어나면 풍미와 맛도 저하되고 부패하기 쉽다. ⇒ 어류는 사후경직 상태에서 조리한다.

4 어패류의 조리원리

① 어패류는 결합조직의 양이 적게 함유되어 조직이 매우 연하다.
② 육류, 가금류보다 조리시간이 짧아야 하고 자주 뒤집지 않아야 한다.

③ 너무 높은 온도에서 조리하거나 지나치게 오랫동안 조리하면 근육 단백질이 수축하여 질기고 건조해지며 향미를 잃게 된다.

④ 생선을 가열조리하면 근원섬유 단백질은 40~50℃에서, 근장단백 질은 62℃에서 응고한다.

⑤ 프라이팬이나 석쇠에 구울 때 생선이 들러붙는 이유는 어육단백질 인 미오겐의 펩타이드 결합이 가열에 의해 구조가 끊어지면서 활 성기가 노출되어서 달라붙는 것이다.(열 응착성)

⑥ 1~2%의 소금을 가해주면 수분이 빠져나가고 생선살이 단단해지고 탄력성이 증가하면서 투명해진다.

⑦ 껍질이 붙은 채로 생선토막을 가열하면 껍질이 수축하는데 생선껍 질 성분 중에 콜라겐에 의한 것이다.

⑧ 잘라서 절인 생선을 구울 때에는 살 쪽을 먼저 구워 단백질은 단 단하게 응고시킨 후 껍질 쪽을 나중에 구워야 구부러지지 않고 모 양을 유지할 수 있다.

5 조리과정에서 일어나는 변화

1) 소금에 의한 변화

생선을 소금으로 절이면 삼투압에 의하여 소금이 어육 내로 침입한 다. 소금이 침투해 들어가는 속도와 양은 소금의 농도, 생선의 온도, 절 이는 방법, 소금의 순도, 생선의 상태 등에 의하여 달라진다.

- 고농도의 소금에 절였던 생선이 소금을 빼도 어육의 조직이 원래대로 돌아가지 않는 것은 단백질이 불용성으로 되었기 때문이다.

2) 식초에 의한 변화

생선에 식초를 넣으면 신맛으로 맛을 돋우고 생선의 비린내 성분인 트리메틸아민은 알칼리성 물질이어서 식초를 가하면 중화되어 비린내를 감소시킨다.

- 살균효과 : 세균은 중성 부근의 pH에서 가장 잘 생육하고 식초를 넣어 pH가 산성 쪽으로 기울어져 pH 5 이하로 되면 거의 생육하지 못하게 된다.
- 식초를 넣어 살을 단단하게 할 때에는 먼저 소금을 넣어 수분을 제거하고 단백질을 용출시켜 겔화시킨 후 식초를 넣고 단백질을 응고시키면 효과가 더 크다.(예 : 홍어회)

6 │ 어패류의 선도 판정법

1) 관능적인 방법

① 사후경직 중에 있는 어류의 육질이 단단하면 선도가 좋은 것이다.
② 안구가 밖으로 튀어나오고 투명한 것은 신선한 것이다.
③ 신선한 어류의 피부는 특유의 색채를 가지며 광택이 있다.(비늘의 색과 탈락 여부)

④ 아가미가 밝고 진한 붉은색을 띠는 것은 신선한 것이다. 아가미는 어체 중 부패되기 쉬운 부위로 선도가 떨어지면 붉은색이 변하여 회색 또는 암녹색으로 되며 점액질 물질의 분비가 많아져 점착성이 증대하고 부패취가 난다.

⑤ 신선한 물고기는 복부를 눌렀을 때 탄력이 있다.
   선도가 떨어지면 복부가 유연하고 항문에서 장의 내용물이 흘러나온다.

⑥ 신선한 어육은 광택이 있고 투명감이 있으나 선도가 떨어지면 광택을 잃고 불투명해진다.
   근육에 분포되어 있는 모세혈관도 신선한 어육에서는 선명하나 시간이 경과하면 선명하지 않게 된다.

⑦ 선도가 좋은 어육은 뼈에서 분리되기 어려우나 선도가 떨어지면 쉽게 분리된다.

⑧ 부패취의 유무는 선도를 판별할 수 있는 예민한 기준이 된다.
   - 어체 부위에 따라 부패의 진행에 있어서 차이가 있으므로 피부, 아가미, 내장, 살 등 각 부위별로 냄새를 조사하는 것이 바람직하다.

2) 이화학적 방법

(1) 휘발성 염기질소 함량 측정

- 어패류와 같은 단백질 식품은 선도가 떨어지면 암모니아와 아민류와 같은 휘발성 염기질소를 생성한다.
- 휘발성 염기질소의 함량이 30~40mg% 이상일 때를 부패 초기, 50mg% 이상이면 부패한 것으로 판정한다.

(2) TMA 함량 측정

- 어패류의 세균이 번식하기 시작하면 TMAO가 환원되어 TMA로 변하므로 TMA의 함량을 측정한다.
- TMA의 함량이 4~10mg%인 것을 부패 초기로 판정한다.

(3) pH변화

- 수조육류나 어패류는 죽은 후 자기 소화에 의하여 pH가 저하되고 그 후에는 부패가 진행됨에 따라 pH가 다시 상승한다.

(4) ATP 분해 생성물의 측정

- 생선이 죽으면 어육 중에 있는 ATP는 급격하게 감소한다.

3) 미생물학적 방법

세균수가 어육 1g 중에 10^5 이하는 신선한 것, 10^7~10^8이면 부패 초기로 판정한다.

7 어취의 제거 방법

생선 비린내의 주요 성분은 trimethylamine(TMA)이며 수용성이다.

1) 찬물로 씻기

trimethylamine은 근육 및 표미 점액에 있으며 수용성이므로 물에 씻으면 비린내가 제거된다.

2) 산의 첨가

레몬즙, 식초 등 산을 함유하고 있는 것을 사용하면 TMA와 결합하여 비린내를 중화하여 감소된다.

3) 향신채소의 첨가

- 마늘, 파, 양파는 allyl류의 황화합물을 함유하고 있어 비린내를 감소시킨다.
- 셀러리, 파슬리, 깻잎, 미나리, 쑥갓 등을 사용한다.
- 생강을 넣는 경우 어육단백질은 생강의 탈취작용을 방해하므로 단백질을 변성시킨 후 즉 국물이 끓고 난 후 넣도록 한다.

4) 매운맛이 미뢰 마비

- 마늘 allicine, 고추의 capaicin, 후추 chavicin, 겨자, 고추냉이 mustard oil(allylisothiocyanate), 무 dimethyl disulfide, 양파 propyl allyldisulfide, 생강 gingerol, shogaol, zingerone

5) 된장, 고추장의 첨가

colloid상의 흡착력으로 비린내를 억제한다.

6) 우유에 담가둠

우유의 colloid 상태가 흡착력이 강하여 비린내를 제거에 효과가 있다.

7) 알코올 첨가

알코올이 휘발할 때 비린내도 같이 휘발하여 어취를 제거하고 맛을 향상시킨다.

8 생선의 조리

1) 생선 조림

- 주로 간장을 이용하고 1.5% 정도의 염도가 적당하다.
- 조림에서 중요한 점은 생선의 형태를 단정하게 남기는 것과 맛이 좋아야 한다.

  생선을 조릴 때에는 처음 몇 분간은 냄비의 뚜껑을 열어 비린 휘발성 물질을 날려 보낸다.

- 지방분이 많은 생선은 먼저 끓는 물에 넣거나 찜통에 쩌서 탈지 처리한 후 양념을 해서 조린다.
- 생선 조림에는 가정에서 담근 재래식 간장보다 일본 간장을 더 많이 이용한다.
  - 그 이유는 당밀이 있어 색이 짙고, 조리는 과정에서 캐러멜화로 윤기를 준다.
- 일반적으로 가시가 많은 준치와 같은 생선을 조릴 때에는 양념에 식초를 약간 넣고 약불로 장시간 조려서 뼈째 먹는다.

2) 생선구이

- 어육의 색이 짙고 지방분이 많은 꽁치, 고등어, 전갱이 등은 맛이 농후하므로 구이에 적합하다.
- 소금의 양은 생선무게의 2%가 적당하다. (무조미구이, 소금구이, 양념구이 등)
- 양념구이 중 고추장 양념은 타기 쉬우므로 미리 유장을 발라 애벌구이를 한다.

3) 생선 튀김

- 생선의 비린내를 없애며 작은 가시까지 먹을 수 있게 하는 조리로 기름에 튀기는 것이 가장 효과적이다.
- 생선튀김, 생선 프리터, 생선 커틀릿, 생선 크로켓 등

– 생선 튀김은 180℃ 내외의 온도에 2~3분간 튀긴다. 튀기는 시간이
  길어지면 수분의 증발이 심해지고 흡유량이 많아진다.

4) 전유어

– 흰살 생선이 적합하며 부치기 전 수분을 충분히 제거하고 지질 때
  는 중불로 안쪽을 먼저 지진다.
– 전유어는 재료가 얇게 저며져 있으므로 지지는 과정에서 비린내가
  많이 휘발하며 또 생선의 지방분이 달걀의 지방분과 지지는 식물
  성 기름과 혼합되어 비린내가 해소된다.

연·습·문·제

01 어류의 영양 성분에 관한 설명으로 옳지 않은 것은?

① 맛에 영향을 주는 지방 함량은 꼬리 부분에 많다.
② 필수아미노산인 라이신이 풍부하므로 곡류와 함께 섭취하는 것이 좋다.
③ EPA와 DHA는 모든 생선의 지방에 다량 존재한다.
④ 생선의 간에는 비타민 A와 D가 많이 함유되어 있다.

02 다음 중 어육의 맛 성분이 아닌 것은?

① IMP
② TMA
③ AMP
④ ATP

03 어류의 신선도 판별법으로 옳지 않은 것은?

① 아가미가 빨간색이며, 점액이 없는 것이 신선하다.
② 안구가 튀어나오고 투명한 것이 신선하다.
③ 선명하고 광택 있는 것이 신선하다
④ 내부 살의 투명도가 높은 것이 신선하다.

04 생선 가열 시 발생하는 열 응착성의 원인 물질은?

① 액토미오신
② 미오겐
③ 글루탐산
④ 피페리딘

05 생선조림의 조리원리에 대한 올바른 설명은?

① 생선조림은 양념이 많이 들어가므로 생선의 신선도와는 관계없다.
② 흰살생선은 살이 단단하므로 여러 양념을 많이 사용한다.
③ 생선조림은 강한 불로 오래 조리하여야 조림 후 생선살이 단단해진다.
④ 비린내를 가리기 위하여 첨가하는 생강은 조리 마지막 불을 끄기 직전에 넣는 것이 효과적이다.

난류

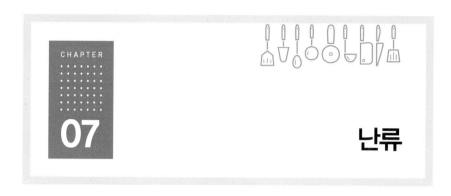

CHAPTER

07

난류

달걀은 단백질, 무기질, 비타민 등 영양가가 풍부한 식품으로, 생달걀 그대로 먹기도 하고, 달걀을 껍데기째 삶은 반숙 또는 완숙, 달걀 껍데기를 제거한 후 끓는 물에 익힌 수란, 달걀을 풀어서 조리한 달걀찜이나 달걀부침 등으로 먹기도 한다.

서양에는 스크램블에그, 오믈렛, 크로켓 등이 있다. 달걀은 음식의 보조 재료로도 널리 이용된다. 튀김류에서 달걀은 마른 재료에 빵가루가 잘 붙도록 접착제로 작용하고, 커스터드 크림에서는 음식을 걸쭉하게 하며, 마요네즈 소스에서는 유화제로 작용한다. 이 외에도 잡채 같은 음식에서는 고명으로 올려 재료의 영양적인 균형뿐만 아니라 음식의 색을 조화롭게 하여 먹음직스럽게 보이도록 한다.

1 달걀의 구조

1) 난각

수천 개의 기공으로 구성, 달걀 내부를 보호하는 역할, 공기, 수분, 탄산가스의 증발을 막는다. 달걀의 10%를 차지한다.

2) 난각막(껍질막)

외막, 내막 2개층으로 구성, keratin, mucin의 성분구성, 박테리아가 내부로 침입하는 것을 막는다.

3) 껍질(cuticle)

산란 직후 산도의 분비물이 표면을 덮고 공기와 접촉을 차단하며, 미생물의 번식을 막는다. 달걀 표면은 거칠거칠하다.

4) 기실(공기집)

난각막 사이에 공기구멍으로 신선도가 떨어지면 공기집(aircell)의 크기가 커진다.

5) 난황

lecithin, cephalin을 함유하여 유화성을 가지며 신선한 난황의 pH 6.3 이고 달걀의 30~33%를 차지한다. 신선도가 떨어지면 터진다.

6) 난백

달걀의 60%를 차지하고 있으며, 신선한 난백의 농도는 pH 7.6이다. 난백 주요 단백질은 ovalbumin, ovoglobulin은 기포성, ovomucin은 기포의 안정성을 가지고, avidin은 biotin의 흡수를 저해하며, lysozyme 은 용균작용, 세균침입을 억제한다. 난백의 푸르스름한 색은 riboflavin 이다.

7) 배아

병아리 배반으로 유정란에 있다.

8) 알끈(chalaza)

난황을 고정하는 역할로 단단한 것이 신선한 달걀의 지표이다.

> **≫ 달걀의 신선도 검사법**
> - 외관검사 : 난각의 오염상태, 난형, 조직 등의 상태를 육안으로 검사
> - 투광검사 : 투광검사기를 이용하여 기실의 깊이, 난황의 상태, 난백의 상태를 검사
> - 할란검사 : 달걀을 평판 위에 깨어 난황의 높이, 농후난백의 퍼짐의 정도, 수양난 백의 부피, Haugh unit검사

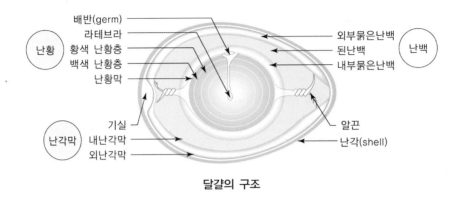

배반(germ)

라테브라

난황   황색 난황층

백색 난황층

난황막

외부묽은난백

된난백

내부묽은난백

난백

기실

난각막   내난각막

외난각막

알끈

난각(shell)

달걀의 구조

2   달걀의 성분

1) 지방

난백에는 거의 없고 난황에 33% 정도가 있다. 인지질인 lecithin과 cephalin이 32% 차지하며 난황의 유화성은 주로 레시틴에 의한다.

2) 단백질

단백가 100으로 필수아미노산을 모두 함유하고 있어 영양적으로 우수한 식품이다.

(1) 난황

인단백질인 vitellin과 vitellenin에 지방이 결합된 lipovitellin과 lip-oviellenin

난황은 난백보다 수분이 적고 단백질이 많으며 달걀에 함유된 대부분의 비타민과 무기질을 함유하고 있다. 난황의 단백질은 리포비텔린(lipovitelin), 리포비텔레닌(lipovitellenin) 등과 같이 지방과 결합된 지방단백질과 포스비틴(phosvitin)과 같이 인과 결합된 단백질이 있으며 이외에 수용성 단백질인 리베틴(livetin)이 있다. 지질은 수분을 제외한 고형분의 약 50% 이상을 차지하며 대부분 단백질과 결합하고 있다. 이외에 철분, 티아민, 비타민 A 등이 풍부한데 난황의 노란색은 비타민 A의 전구체인 베타카로틴이 풍부하기 때문으로 사료나 닭이 사육 상태에 따라 색에 다소 차이가 있다. 난황은 레시틴이 풍부하여 식품의 조리 시 유화제로 사용된다.

(2) 난백

ovoglogulin, ovomucin, ovomucoid, lysozyme, avidin

난백은 단백질 함량이 난황보다 적지만, 난백의 단백질은 미생물 오염을 방지하는 작용 이외에도 조리과정에서 다양한 기능을 한다. 난백 단백질 중에서 50% 이상을 차지하는 단백질은 오브알부민(ovalbumin)dlua 다음으로 오보트랜스페린(ovotransferrin, 일명 콘알부민), 오보뮤코이드(ovomucoid), 글로불린(globulin), 라이소자임(lysozyme), 오보뮤신(ovomucin), 아비딘(avidin) 등이 존재한다. 오브알부민, 오보트랜스페린, 라이소자임은 열 응고성이 있으며, 글로불린은 난백의 기포성과 관련이 있다. 라이소자임과 오보뮤신 등은 미생물로부터 달걀을 보호하는 역할을 하며 오보뮤코이드는 트립신 효소를 분해하는 작용을 한다. 난백에는 황, 칼륨, 나트륨, 염소, 마그네슘 등의 무기질이 함유되어 있다.

3) 무기질

무기질은 달걀 전체에 1.1% 정도 함유되어 있고 P가 인지질, 인단백질 형태로 함량이 높다. 난황에 Fe은 생체 내 이용가치가 높다. 그 밖에 K, Na, Cl 등이 있다.

4) 비타민

난황에는 비타민 A, B_1, B_2, D가 풍부하고, 난백에는 비타민 B_1, B_2, niacin, pantothenic acid 등이 있다.

---

3 달걀의 조리원리

달걀은 유화액을 고정시키기 위한 유화제로서, 접착제로서, 음식을 걸쭉하게 만드는 농후제로서, 또는 국물을 맑게 하는 청정제로서 사용된다.

1) 응고성

- 난백은 60℃에서 응고되기 시작하여 65℃에서 완전 응고, 난황은 65℃에서 응고되기 시작하여 70℃에서 완전 응고한다.
- 달걀을 익힐 때 높은 온도(100℃)에서 조리하면 응고물의 수축이 심하게 일어난다.

- 달걀의 열 응고성은 단백질의 농도, 용액의 pH, 염과 당의 유무에 따라 영향을 받는다.

(1) 단백질의 농도

달걀에 물을 넣어 희석하면 응고성이 감소하여 응고온도는 높아지고 질감은 부드러워진다. 희석하지 않은 난백은 65℃에서 거의 완전히 응고되나, 50% 희석한 달걀액은 74℃에서 응고하며, 더 희석시킨 20%의 달걀액은 내부 온도가 78℃가 되어야 응고한다.

(2) pH

산은 초기 응고온도를 낮추어 주며, 달걀의 주단백질인 알부민은 pH 4.6이 등전점이므로 식초 등 산을 첨가하면 쉽게 응고한다.

(3) 염

무기염 존재 시 열응고성이 증가, 양이온 원자가 클수록 커진다.
예 알찜, 커스터드 등을 만들 때 우유를 첨가하면 Ca^{2+} 이온이 열응고를 촉진한다.

(4) 설탕

당은 열응고성을 감소시키므로 달걀에 설탕을 넣으면 고온으로 가열해야만 응고한다.

(5) 가열온도와 시간

낮은 온도에서 서서히 가열하면 부드럽고 연하나 응고하는 데 걸리는 시간은 길다.

고온에서 빨리 가열하면 수축하여 단단하고 질겨지며 기공이 생기기 쉬우나 가열시간은 단축된다.

	응고성/응고온도	이유
물 첨가	↑↓	희석으로 단백질 응고 저해
pH, 산 첨가	↓↑	등전점
염류 첨가(소금, 우유)	↓↑	Ca^{2+}, Na^+ 반대 결합
설탕 첨가	↑↓	단백질 변성 억제

2) 난백의 기포성

난백을 빠른 속도로 저으면 공기방울이 액체 속으로 들어가면서 기포가 생성되고, 기포의 표면에 난백 단백질인 오보뮤신, 오보글로불린(ovoglobulin), 오보트랜스페린(ovotransferrin)이 기포를 안정하게 유지하는 역할을 한다. 난백을 빠르게 저으면 단백질에 물리적인 힘이 가해지면서 구형의 단백질이 풀린다. 구조가 변화된 글로불린과 오보트린스페린 같은 단백질은 기포와 물이 닿는 곳에 모이면서 친수성기는 물이 있는 방향으로, 소수성기는 기포 방향으로 위치하고 단백질 간에 결합을 형성하면서 기포의 벽을 만들고 안정하게 유지한다.

난백의 기포력은 여러 가지 요인의 영향을 받는다.

(1) 달걀의 신선도

1~2주 정도 저장된 달걀이 신선란보다 수양난백이 많으므로 기포성이 좋다.

수양난백은 점도가 낮아 기포성이 좋은 반면 농후난백은 점도가 높아 기포성은 낮으나 안정성이 좋다.

(2) 온도

냉장온도보다 30℃ 정도의 실온에서 거품의 부피도 커지고 방울이 작아 질이 고와진다.

온도가 높아지면 표면장력이 낮아지고 점도가 떨어지기 때문에 기포성은 증진되나 표면이 마르기 쉽고 안정성이 낮아 액체가 분리되기 쉽다. 온도가 낮으면 점도가 높기 때문에 거품을 일으키기 어려우나 안정되고 탄력 있는 거품이 형성된다.

(3) 교반방법(거품기)과 용기

교반기의 칼날이 가는 것이 굵은 것보다 난백을 미세하게 쪼개주어 기포크기가 작고 미세하다.

한번 파괴된 거품은 단백질의 결합이 파괴되기 때문에 다시 교반해주어도 거품은 다시 생기지 않는다.

- 용기 : 그릇은 거품이 일어날 경우를 위하여 충분히 커야 한다. 그릇이 지나치게 크면 거품기(beater)가 난백보다 공기를 젓게 되므로 유의해야 한다.

그릇의 바닥이 좁고 둥글며 경사져서 윗면이 밑면보다 넓어야만 난백이 비터에 많이 끌려 올라가 거품이 빨리 형성된다.

(4) 첨가물

① pH : 난백을 거품 낼 때 소량의 산을 넣어주면 난백의 주단백질인 ovalbumin의 등전점인 pH 4.6~4.7에 가깝게 되어 점도가 낮아져 교반하기 쉬워진다.(레몬즙, 주석산)

② 물, 지방, 난황 : 물을 40% 첨가해주면 거품의 부피는 증가하나 안정성은 저하, 0.5% 면실유 첨가 시 거품의 부피는 감소하나 안정성은 큰 영향이 없다.

⇒ 기름은 소량이라도 난백의 계면상태를 변화시키기 때문이다. 소량의 난황이 들어가면 난황의 지질에 의해 기포성이 저하되며 그릇에 지방이 남아있으면 흡착되어서 기포성이 저하된다.

③ 설탕 : 설탕의 첨가량이 많을수록 기포력이 감소하나 광택 있는 안정된 거품이 된다.

  • 설탕을 첨가할 때는 난백을 교반하여 거품을 안정하게 형성한 후에 서서히 설탕을 넣어주는 것이 거품이 단단하고 광택이 있고 안정성도 좋다.

④ 우유 : 소량의 우유라도 첨가하면 기포 형성을 저해한다.

  • 탈지유, 무당연유 및 균질우유와 같이 유지가 없거나 지방구가 미세한 상태의 것을 소량 첨가했을 때는 기포형성에 지장이 없다.

	기포성	안정성	이유
신선도	저장란	신선란	신선란은 농후난백이 많아 점성이 높고, 기포성이 낮다.
저장온도	20~30℃	5℃	냉장보관에서는 점성이 높아 기포성이 낮다.
산(pH)	↑	↑	산은 기포성과 안정성을 모두 높인다.
물, 지방, 난황, 우유	↓	↓	물, 기름, 유지류는 기포성을 낮춘다.
설탕	↓	↑	거품이 형성된 후 서서히 설탕을 넣어주면 안정된 거품

3) 난황의 유화성

난황은 천연의 유화식품인 동시에 유화력이 강한 식품이다.

난황의 유화성은 lecithin에 의한 것이며 신선한 난황을 사용하면 유화속도와 유화량이 크며 에멀전의 점도와 안정성도 높으며 또한 교반시간이 길수록 기름방울의 크기가 작아진다.

4) 난황의 녹변현상

달걀을 껍질째 삶으면 난황과 난백 사이에 검푸른 색이 생길 수 있고, 또 달걀찜을 할 때도 난백과 난황이 덜 섞이면 밑 부분의 난황과 난백 사이에 검푸른 색이 생기는 경우가 있다. 이 같은 현상은 가열하는 동안 난백에서 발생한 황화수소(H_2S)와 난황 중의 철분과 결합하여 불용성인 황화제1철(FeS)을 생성하여 암녹색으로 변하게 된다.

① 오래된 난백의 pH는 알칼리성이므로 오래된 달걀은 가열 시 황화제 1철이 많이 생긴다.

② 가열온도가 높고 가열시간이 길수록 황이 쉽게 분리된다.

- 달걀을 70℃에서 60~75분간 가열하거나 85℃에서 30~35분간 가열하면 황화철은 형성되지 않지만 100℃에서 15분 이상 가열하면 녹변현상이 일어난다.

③ 황화제1철의 형성을 막으려면 끓는 물에서 12~13분간 가열한 후 빨리 냉수에 담근다. 이같이 빨리 냉각시키면 달걀표면의 압력이 낮아짐으로써 형성된 황화수소가 표면으로 스며나가기 때문이다.

▶ 알칼리성에 대한 난백의 젤리화

중국 요리의 피단(皮蛋)은 식염이 들어 있는 강한 알칼리성 페이스트(paste)를 오리알 또는 달걀의 난각에 발라 몇 달간 밀폐용기에 저장해서 난각 표면에 알칼리와 소금을 침투시킨 것이다.

⇒ 난백은 알칼리로 다갈색과 흑갈색의 젤리 모양으로 변한다. 난황은 굳어져서 외층은 암녹색, 중층은 황록색, 내층은 암녹색으로 변한다. 사용된 페이스트는 탄산나트륨, 생석회, 소금, 물이며 페이스트에 씌운 알은 왕겨에 굴려서 항아리에 밀폐한다.

[달걀의 조리특성]

조리특성	역할	음식 예
응고성	청정제	콘소메, 커피, 맑은 장국
	농후제	커스터드, 소스, 푸딩, 알찜
	결합제	전, 크로켓, 만두소, 알쌈
기포성	팽창제	머랭, 엔젤케이크, 마시멜로
	간섭제	캔디, 셔벗, 아이스크림
	내열제	아이스크림 튀김
유화성	유화제	마요네즈, 케이크 반죽
기타	색	지단

4 저장 중에 일어나는 변화

1) 외관상의 변화

- 달걀을 저장하면 난백의 점도가 저하되면서 묽어져 난백이 넓게 퍼진다.(농후난백의 감소)
- 기실(air cell) 확대 : 겉껍질에 있는 작은 구멍으로 수분과 이산화탄소 증발
- 비중법 : 10% 소금물에 달걀을 껍질째 넣으면 신선한 것은 밑바닥, 오래되면 위로 뜬다.
- 겉껍질 : 신선한 달걀은 거칠며(cuticle층) 투명한 듯하나 오래되면 매끄럽고 희다.

- 난황계수의 감소 : 신선란 0.36~0.44 → 0.3 이하 시 신선하지 못하다.
- 난백계수의 감소 : 0.14~0.17 → 0.1 이하 시 신선하지 못하다.

2) 화학적 변화

- pH의 변화 : 신선난백 pH는 7.6 → 9.0~9.7이 된다.
  수분의 증발과 탄산가스의 배출로 pH가 증가한다.
  난황 pH는 5.9~6.1 → 6.8이 된다.
- 성분 : 단백질 분해로 유리아미노산과 비단백 질소가 증가하고, 난백수분이 난황으로 이동되어 난황막이 늘어나 약해지므로 깨뜨릴 때 터지기 쉽다.

연·습·문·제

01 난황에 함유되어 있는 유화제는 무엇인가?

① 레시틴
② 오보뮤신
③ 오보글로불린
④ 콘알부민

02 다음 중 신선한 달걀이 아닌 것은?

① 껍질에 균열이 없고 튼튼한 것
② 껍질이 광택이 나고 매끈한 것
③ 달걀을 깨뜨렸을 때 난황과 난백의 구분이 뚜렷한 것
④ 달걀을 깨뜨렸을 때 난황이 퍼지지 않는 것

03 머랭에 달걀을 사용한다. 여기에 해당하는 조리원리는 무엇인가?

① 유화성
② 기포성
③ 열응고성
④ 결착성

04 난백 단백질에서 가장 많이 차지하는 단백질은?

① 오보뮤신

② 아비딘

③ 라이소자임

④ 오브알부민

05 달걀을 오래 삶으면 난황 주변에 변색이 일어난다. 해당하는 성분은 무엇인가?

① 산소(H_2O)

② 이산화탄소(CO_2)

③ 황화철(FeS)

④ 아질산(HNO_2)

✔ 정답 01 ① 02 ② 03 ② 04 ④ 05 ③

우유 및 유제품

우유 및 유제품

우유는 젖소, 양, 산양, 낙타, 물소 등과 같은 포유동물의 유선에서 분비되는 유즙으로 완전식품이라 불릴 만큼 영양 성분이 풍부하고 소화흡수가 용이하여 전 세계적으로 음용되고 있다.

우유는 살균 처리한 우유 자체를 음용하는 방법 외에도 다양한 음식의 조리에 이용된다. 이는 우유가 고형분이 11% 이상인 수용액으로 커피, 홍차 등과 혼합하면 균질한 액체가 되고, 코코아, 설탕 등 분말상의 고체와도 잘 섞이기 때문이다. 또한 우유 자체가 콜로이드 용액으로 감미와 고유의 냄새가 있어 조리를 하면 특유의 부드러운 풍미를 주며, 커스터드 푸딩(custard pudding)처럼 부드러운 젤의 형성을 도와준다. 이 외에도 생선이나 소 간의 비랜내를 흡착하고, 요리를 희게 보이도록 하여 조리된 음식의 색을 좋게 한다.

우유는 영양가가 풍부하여 미생물이 성장하거나 번식하기가 쉽기 때문에 우유 혹은 우유가 많이 함유된 음식을 먹고 식중독에 걸리는 경우가 있다. 이는 주로 포도상구균과 같은 미생물이 음식에서 잘 증식하기 때문이므로 식중독을 예방하기 위해 10℃ 이하의 저온에서 보관하는 것이 바람직하다.

1 우유의 구성성분

우유는 수분 함량이 87~88%로 높기 때문에 케이크, 빵, 크림수프 같은 음식을 만들 때 물 대신 사용된다. 총 고형분은 12~13%이고, 이 중지방이 3~4% 나머지 8.5~9.0%의 탈지고형분 중 단백질(카세인과 유청단백질)이 2.7~4.4%, 유당이 4.0~5.5% 무기질이 0.5~1.1% 이외 비타민, 색소, 유기산으로 구성된다.

(1) 단백질

우유단백질은 산이나 레닌을 가하면 응고되는 카세인단백질과 카세인이 응고된 후에도 유청이 남아 침전하지 않는 유청단백질로 구성된다.

① 카세인(casein)

- 카세인은 우유의 주된 단백질로서 유단백의 80%를 차지한다.
- 카세인은 분자 내에 인산을 함유하고 있는 인단백질이며, 신선한 우유의 정상 pH인 6.6에서는 칼슘과 결합된 복합체로서 안정한 콜로이드 형태인 미셀을 이루고 있다.
- 우유를 20℃에서 카세인의 등점전인 pH 4.6으로 조절하면 침전하고, 열에는 응고하지 않는다.

② 유청단백질(whey protein)

유청단백질은 총 유단백질의 20%를 차지하며 가용성 단백질이라고도 한다.

β-lactoglobulin, α-lactalbumin, 혈청 알부민, 면역 글로불린, 효소 프로테오스, 펩톤 등이 포함되어 있다.

- 유청단백질인 락토글로불린과 락토알부민은 60℃ 이상의 온도에서 변성되고 응고되므로 우유를 직접 불 위에서 가열하면 쉽게 침전물이 냄비 밑바닥에 가라앉는다.

(2) 지방

유지방은 지방구의 형태로 우유 내에 분산되어 있는데, 그 이유는 지방구를 에워싸고 있는 인지질과 단백질이 지방구 간의 결합을 방해하여 지방구가 더 이상 커지지 않도록 안정하게 유지하기 때문이다. 또한 인지질과 단백질은 지방분해효소의 접촉을 막아 지방의 분해를 억제하는 기능을 한다.

유지방은 대부분 중성지방이고 소량의 인지질, 당지질, 스테롤 등이 있다.

유지방은 지용성 비타민, 카로틴과 잔토필과 같은 지용성 색소, 콜레스테롤, 인지질 등을 함유하고 있다.

(3) 탄수화물

주요 탄수화물인 유당은 약 4.0~5.5%를 차지하고 있으며, 그 외에 소량의 포도당, 갈락토스, 기타 올리고당 등이 존재하여 단맛을 낸다.

용해도가 낮은 유당은 아이스크림이나 가당연유 제조 시 결정화되어 모래와 같은 깔깔한 감촉이 생기므로 상품으로서의 가치가 떨어진다.

2 우유의 특성

(1) 색

우유의 유백색은 카세인과 인산칼슘이 콜로이드 용액으로 분산된 것이 광선에 반사되어 나온 색이다.

황색은 카로티노이드 색소로 버터나 치즈의 색에 영향을 미친다.

(2) 향미성분

신선한 우유는 유당을 함유하고 있어 약간의 감미를 띠며 지방산과 같은 저분자량 화합물과 휘발성 화합물 등에 의해 독특한 향을 갖는다.

- 우유의 상한 냄새는 lipase에 의해 유지방이 가수분해 되었기 때문이다.
- 햇빛에 노출시키면 우유 속 리보플라빈이 메티오닌 분해를 촉진하여 탄 냄새와 같은 냄새가 난다.
- 우유를 74℃ 이상으로 가열할 때 나는 독특한 익는 냄새는 β-lactoglobulin과 지방구의 막을 형성하고 있는 단백질이 변성되어 생긴 설피드릴 그룹(−SH)과 휘발성설피드, 황화수소(H_2S) 때문이다.

(3) 크림층

우유를 정치하면 지방구가 상층에 떠올라 크림층을 형성한다.

시판되는 우유는 지방구의 크기를 미세하게 균질처리하여 크림층을 형성하지 않도록 한다.

3 우유의 가공처리

(1) 균질화

유지방은 3~5㎛의 구상 지방으로 단백질의 얇은 막으로 싸여 액체 중에 분산되어 있다.

비중이 가벼워 그대로 방치하면 떠올라 분리되므로 이를 방지하기 위해 우유에 압력을 가하여 작은 구멍으로부터 분출시켜 지방구를 1㎛ 전후로 분쇄하여 균질처리 한다.

균질화의 장점으로 부드럽고 고소한 맛, 지방의 소화·흡수가 용이, 부드러운 응고물로 단백질의 소화 용이, 지방구가 안정화된다. 단점으로는 지방구의 표면적이 커져서 산화가 쉬워 우유가 산패되기 쉽다.

(2) 살균

우유의 살균이나 멸균의 목적은 원유의 영양소 손실을 최소화하는 범위 내에서 오염된 미생물을 사멸시키고 우유의 보존성을 증진시키기 위해서이다.

종류	살균법	특징
저온 장시간 살균법 (LTLT, Low Temperature Long Time Pasteurization)	63~65℃, 30분	우유에 적용된 가장 오래된 살균방법
고온 단시간 살균법 (HTST, High Temperature Short Time Pasteurization)	72~75℃, 15~20초	저온 장시간 살균법보다 고온으로 시간을 단축하여 살균

종류	살균법	특징
초고온 순간 살균법 (UHT, Ultra High Temperature)	120~135℃, 2~3초	우유 중의 영양소의 파괴와 화학적 변화를 최소화하고 살균효과를 극대 화시킨 방법

(3) 강화

우유가 가지고 있는 성분 중 인체에 필요한 영양소를 보강시키거나 성분 조성을 용도에 맞도록 보강함

- 우유의 지방은 주로 3~4%인데 유크림을 첨가하여 지방 함량을 4.3%로 높인 우유, 비타민 A, 비타민 D, 철분, 셀레늄 등을 강화한 우유가 있다.

4 우유의 조리원리

(1) 가열에 의한 변화

① 응고

우유 중 알부민은 열에 불안정하여 63℃에서 응고하기 시작하여 부드러운 응고물을 형성하여 침전하고 90℃가 되면 황화수소를 발생하여 우유의 가열취가 나게 된다.

글로불린도 열응고성 단백질로 알부민보다는 열에 안정하다.

② 피막 형성

우유를 가열할 때 뚜껑을 덮지 않으면 표면에 막이 생기는 현상이 나타난다. 이는 우유에 분산되어 있는 지방구가 가열에 의해 응고된 단백질과 유당, 무기질 등과 엉켜서 표면에 막을 형성하는 것으로, 피막을 걷어내도 다시 생기며 그만큼 영양 성분이 손실된다.

우유는 40℃ 부근에서 엷은 유동성 막이 생기기 시작하여 점차 두꺼운 피막을 형성한다.

⇒ 이는 상층에 모인 지방과 lactalbumin과 lactoglobulin 등이 눌러붙어 피막을 형성한다.

피막의 70% 이상이 지방이고, 20~25%는 유청단백질이다.

▶ 피막의 형성을 방지하려면
• 교반해주면서 가열하거나
• 고온가열을 피하고 뚜껑을 덮거나 우유를 희석하거나 거품을 내어 데운다.

③ 갈변 현상

우유를 장시간 가열하면 우유 단백질과 유당의 maillard반응으로 melanoidine이 생성되고, 유당의 캐러멜화 반응으로 갈색물질이 형성된다.

④ 냄새 형성(cooked flavor)

우유를 74℃ 이상으로 가열하면 가열취가 난다. 냄새성분은 유청단백질 중 락토글로불린의 열변성에 의해 분자량이 작은 휘발성 황화합물이나 황화수소로 이루어져 있다.

⑤ 침전물 형성

우유를 63℃ 이상으로 가열하면 가용성인 칼슘과 인이 불용성의
인산삼칼슘이 되어 침전물을 형성한다.

(2) 응고현상

① 산에 의한 응고

우유의 카세인은 우유 자체에서 생성된 산이나 첨가된 산에 의해
응고물을 형성한다.

⇒ 산을 가하여 casein의 등전점인 pH 4.6 부근으로 해주면 응고
  하여 침전한다.

▶ 우유가 산에 의하여 응고되는 성질로 인하여 조리 시 주의하지
  않으면 그 품질이 저하되는 음식들이 있는데 그 예로 토마토
  크림수프를 들 수 있다.

▶ 수프를 만들 때 : 처음부터 우유와 토마토를 함께 넣고 끓이면
  토마토의 유기산(pH 4.4)에 의해 카세인이 응고되어 멍울멍울
  한 응고물을 형성하여 수프의 질을 저하시킨다.

  ⇒ 예방법

  1. 밀가루와 우유로 화이트소스를 만든 후 토마토 첨가하면 밀
     가루의 글루텐과 호화된 전분이 보호막으로 작용하여 카세
     인 입자 간의 응고를 방해한다.

  2. 토마토를 먹기 직전에 넣는다.

② Rennin에 의한 우유의 응고

- 응유효소인 레닌을 우유에 첨가하면 미셀구조가 파괴되면서 자체 내에 함유되어 있는 칼슘에 의하여 침전되는데 이와 같은 성질을 이용하여 치즈를 만든다.
- 레닌에 의한 응고는 산에 의한 응고와는 달리 레닌은 카세인과 결합되어 있는 칼슘을 제거하지 않으므로 레닌에 의해 응고된 겔은 단단하고 질기지만 칼슘은 더 많이 함유한다.
- 레닌에 의한 응고의 최적 온도는 40~42℃이며 낮은 온도에서는 부드러운 응고물이 되나 고온에서는 딱딱한 응고물을 형성한다.
- 레닌에 의하여 응고된 겔은 저으면 깨지고 가열하면 수축된다.

③ Phenol화합물에 의한 응고

채소나 과일에 함유된 phenol compound인 tannin이 우유의 casein을 응고침전한다.

④ 염류에 의한 우유 응고

햄이나 베이컨 등 식염이 상당량 포함된 식품과 우유를 조리할 때 이들 염에 의해 우유의 카세인이나 알부민을 응고시킨다.

[우유 단백질의 응고성]

염류와 폴리페놀	가열에 의한 응고
• 염화칼슘($CaCl_2$)를 첨가하면 염화나트륨(NaCl)를 첨가한 경우보다 단단한 젤이 형성 • 폴리페놀이 많이 함유된 물질과 우유를 혼합하여 가열하면 덩어리가 생김	• 산(식초, 레몬즙, 토마토, 파인애플 등)에 의한 응고 • 효소(레닌 등)에 의한 응고 • 폴리페놀화합물에 의한 응고 • 염에 의한 응고

》 우유의 조리성

- 조리 시에 우유를 사용하면 조리식품의 색을 희게 해준다.
- 쿠키나 캔디류의 갈색과 같은 바람직한 갈색이 나게 해준다.
- 단백질의 gel 강도를 높여준다.
- colloid입자는 흡착작용이 있으므로 생선 냄새, 비린내를 제거
- colloid용액 상태로 유동성과 윤활미가 있어 소스, 음료 등에 이용하면 촉감이 부드럽다.
- 풍미가 증진된다.

5 우유와 유제품

(1) 우유와 유제품의 종류

① 시유

시유(market milk)란 음용에 사용할 목적으로 살균 처리한 다음 균질화하여 판매하는 우유를 말한다.

② 농축유

㉮ 무당연유 : 무당연유는 우유에 설탕을 가하지 않고 농축하여 약 60%의 수분을 증발시킨 것으로 7.9% 이상의 유지방과 25.5% 이상의 탈지 고형분이 함유되도록 규제하고 있다.

㉯ 가당 연유 : 가당연유는 우유에서 수분을 제거한 후 약 16%의 설탕을 가하여 원액의 $\frac{1}{3}$ 정도로 농축한 것이다. 설탕을 가하는 것은 우유를 살균하지 않고 저장할 수 있게 하기 위함이다. 이 제품은 55.7%의 탄수화물을 함유하고 있는데, 그중 11.4% 유당(lactose)이고, 44.3%가 설탕(sucrose)이다.

③ 건조유제품(분유) : 전지분유/탈지분유/조제분유

분유는 건조 유제품으로서 가볍고 용적이 작아서 다루기 좋고 보존성이 커서 저장과 수송에 편리하다.

- 전지분유는 우유를 건조시켜 수분 5% 이하의 분말로 만든 것이다. 전지분유를 물에 풀면 우유에 비하여 비타민 C의 손실 외에 다른 영양가의 손실은 거의 없다.
- 탈지분유는 우유에서 버터 지방을 빼내고 남은 탈지유를 전지분유를 만들 때와 같은 법으로 건조시킨 것이다. 탈지분유는 크림수프, 커스터드푸딩, 화이트소스, 제과, 제빵 아이스크림 등 여러 가지 음식을 만드는 데 널리 사용된다.

④ 크림

크림(cream)은 우유에서 지방이 농축된 것으로 우유 성분 중에서 물보다 밀도가 낮은 지방이 중력에 의해 위로 떠오르면서 자연스럽게 형성되는 층을 크림층이라 한다.

일반적으로 우유의 지방이 3.5%이고 크림의 지방 함량은 약 20%로 6배가량 지방이 농축된다. 크림층을 제거한 우유를 스킴 밀크 (skim milk)라고 한다.

우유의 지방구가 엉겨서 위로 떠오른 것을 분리한 것이 크림으로 지방(18% 이상) 함량이 높아 제과, 제빵, 버터, 아이스크림 등의 원료가 된다.

▶ 지방 함량에 따라 커피 크림(18~20%), 휘핑 크림(40% 정도), 플라스틱 크림(80% 정도)으로 구분함

[크림의 종류]

종류	유지방함량(%)	이용	유의사항
커피크림	18~30	커피의 온화한 풍미와 옅은 색의 위한 용도	너무 뜨거운 물에 크림을 용해시키면 버터화 되어 기름방울이 떠오르므로 80℃ 정도에서 크림을 첨가하거나 균질화한다.
휘핑크림	묽은 농도 : 18~30 진한 농도 : 36 이상	생크림의 케이크의 장식이나 과일과 함께 디저트	안정하고 두꺼운 거품을 형성하기 위해서는 진한 농도의 크림을 5℃에서 24~48시간 저장한 다음 거품을 낸다.
플라스틱 크림	79~81	아이스크림이나 연소 버터의 원료	실온에서 고체화 상태로 크림을 재차 원심분리한다.

⑤ 버터

우유에서 분리한 크림을 천천히 교반(교동)시키면 유지방구의 막이 파괴되면서 지방이 결착되어 버터 입자가 형성된다. 이것을 모아 물에 분산시키고 유화상태로 만든 것이 버터이다.

‒ 버터 제조 공정

원료유 → 크림 → 살균·냉각 → 숙성 → 교반 → 가염 → 연압 → 충전·포장

• 교동 : 지방에 기계적 충격을 주어 지방구끼리 뭉쳐 버터 입자가 형성되고, 버터밀크와 분리하는 작업

• 연압 : 모인 버터 입자 덩어리를 방망이로 밀거나 천천히 교반하여 버터조직을 균일하게 만드는 조작으로 연속상의 지방에 소량의 물이 균일하게 분산된 유중수적형의 버터가 된다.

‒ 버터는 식염 첨가 여부에 따라 1.5~2.0%의 소금을 가한 가염버터와 무염 버터로 구분한다.

‒ 크림 발효 유무에 따라 젖산 발효시킨 산성크림버터(sour cream butter)와 크림버터(sweet cream butter)로 구분한다.

- 버터는 품질 규격상 유지방 80% 이상, 수분 16.6% 이하로 되어 있다.
- 버터는 지방이 주성분으로 고열량 식품이며 소화율도 97~98%로 높고, 지용성 비타민 A, D, E, K가 함유되어 있으며, 특히 비타민 A는 100g당 2,000IU로 매우 풍부하다.

⑥ 발효유

발효유는 소, 양, 면양 등의 포유류 젖을 젖산균 또는 효모에 의해 발효시켜 특이한 풍미를 주는 제품이다. 발효유 제품은 수분이 많고 영양이 좋아 미생물이 번식하기 쉽다. 이들 미생물 중 젖산균이 자라게 되면 우유에 들어있는 유당을 분해하여 젖산을 만들어 다른 해로운 균이 자라지 못하게 함으로써 저장성이 증진되고 향미물질을 생성하여 이용하기 좋게 되는데 이러한 발효제품의 대표적인 것이 요구르트이다.

⑦ 치즈

치즈는 유제품 중 미생물을 이용하여 만들어지는 가장 대표적인 것으로 우유의 단백질을 레닌 등의 효소를 이용하여 응고시킨 것을 다지고 숙성시킨 식품이다.
- 치즈 제조 공정

    원유살균 → 응고 → 커드 형성(배수) → 성형 → 숙성 → 치즈

[경도에 따른 치즈 종류]

분류	수분함량(%)	치즈종류
연질치즈	50~80	브리, 카망베르, 코티지 등
반경질치즈	45~55	블루, 브릭 등
경질치즈	35~44	에멘탈, 에담, 고다, 체다 등
초경질치즈	13~35	파마산 등

⑧ 아이스크림

아이스크림은 크림에 우유 또는 탈지분유, 당류, 유화안정제 및 향료 등을 첨가하여 이들을 혼합한 다음 아이스크림 제조기로 공기세포를 균일하게 분산시키며 동결시킨 것이다.

연·습·문·제

01 우유 단백질을 응고시키는 물질이 아닌 것은?

① 산
② 레닌
③ 당류
④ 폴리페놀

02 다음 중 우유에 대한 설명으로 옳지 않은 것은?

① 우유 단백질은 주로 락토글로불린이다.
② 카세인은 칼슘호스포카세이네이트 형태로 존재한다.
③ 우유에 함유된 당은 유당이다.
④ 우유가 햇볕을 많이 받으면 지방 산화가 촉진된다.

03 우유에서 지방층을 농축한 유제품은 무엇인가?

① 크림
② 농축 가당 우유
③ 분유
④ 농축우유

04 우유 가열 시 침전되는 물질이 아닌 것은?

① 락트알부민
② 락토글로불린
③ 카세인
④ 인산칼슘

05 치즈를 만드는 순서로 옳은 것은?

① 배수– 응고– 성형– 숙성
② 응고– 배수– 성형– 숙성
③ 배수– 성형– 응고– 숙성
④ 응고– 성형– 배수– 숙성

✅ 정답 01 ③ 02 ① 03 ① 04 ④ 05 ②

두류

CHAPTER
09

두류

콩과에 속하는 식물군인 두류는 지방과 단백질원으로 이용되는 대두류, 땅콩류 그리고 지방 함량이 낮고 탄수화물원으로 이용되는 팥, 녹두, 완두와 그 밖에 채소적 성질을 띠는 강낭콩 등 다양한 종류를 포함하고 있으며 취반 시 잡곡의 형태로 쌀과 혼용하거나 부식의 소재로 다양하게 이용되는 친숙한 식물성 식품이다.

1 두류의 분류

콩은 종피, 자엽, 배아 = 8 : 90 : 2로 구성되어 있고 가식부는 자엽이다.

종류	특징
대두, 땅콩	단백질과 지질 함량이 높다.
팥, 녹두, 완두, 강낭콩, 동부	지방이 극히 적고 단백질과 탄수화물 함량이 높다.
풋완두, 풋콩, 날개콩	수분함량이 높고 특히 Vit C가 높아 채소로 취급

2 두류의 구성성분

단백질 약 35%, 지질 약 25% 정도를 함유하고 있다.

팥은 지질이 약 1% 이내, 단백질은 약 20%, 당질은 50~60%로 당질 대부분이 전분이다.

(1) 단백질

– 대부분의 두류는 보통 단백질 함량이 20~40%로 매우 높은 편이다.

– 여러 가지 두류 중에서도 대두는 단백질 함량이 가장 높다.

– 대두 단백질은 글로불린(globulin)에 속하는 글리시닌(glycinin)과 conglycinin이 대부분이다.

– 글리시닌은 필수 아미노산인 이소루신, 루신, 페닐알라닌, 트레오닌 등이 골고루 함유되어 있다.

– 메티오닌이나 시스틴과 같은 함황아미노산은 그 함유량이 약간 떨어지나 곡류에서 결핍되기 쉬운 리신과 트립토판의 함량이 높

으므로 두류를 곡류와 함께 섭취하면 단백가를 보완하는 데 효과적이다.

(2) 지방

- 대부분 두류는 지방 함량이 매우 낮으나, 대두(약 17%)와 땅콩(약 50%)의 지방함량은 상당하여 식용유의 급원으로 이용된다.
- 대두유의 지방산 조성은 리놀레산(linoleic acid)이 50% 이상으로 가장 많고, 올레산(oleic acid)이 그다음으로 많아서 불포화지방산의 함량이 높고 레시틴과 세팔린도 함유한다.

(3) 탄수화물

- 탄수화물의 함량이 많은 것은 두 번째 그룹에 속하는 팥, 녹두, 완두, 강낭콩 등으로 이들에는 50% 이상의 탄수화물이 함유되어 있고, 그 대부분이 전분이다.
- 대두의 탄수화물은 약 20%로 종피에 펜토산이 2.5~4.9%, 갈락탄 1.1~5.6%, 수크로스 3.3~6.3%, 전분은 1% 이하로 매우 적게, 소량의 스타키오스, 라피노오스 같은 소당류를 함유한다.
- 떡이나 과자의 속이나 고물로 많이 이용하고 있다.
- 녹두전분은 특히 점성이 강하여 묵을 쑤는 원료로 사용된다.
- 대두에 존재하는 탄수화물은 약 20%가량이지만 소화가 잘 안되는 다당류이다.

(4) 비타민과 무기질

- 대부분의 두류는 비타민 B_1의 좋은 급원이다.
- 비타민 C는 채소적 성질을 띤 풋완두나 콩나물에는 상당히 함유되어 있으나 나머지 두류에는 거의 들어 있지 않다.
- 대두에 함유되어 있는 무기질은 주로 칼륨과 인으로, 인은 대부분이 피틴(phytin) 상태로 존재한다.

(5) 기타

- 색소에는 여러 가지가 발견되었지만 노란색 대두 색소는 플라본 배당체이고 검은색 대두색소는 안토시아닌 배당체의 일종인 크리산테민(chrysanthemin)이다.
- 대두와 팥에는 사포닌(saponin)이 0.3~0.5% 함유되어 있는데 이것은 기포성이 있어 삶으면 거품이 일고, 장을 자극하는 성질이 있어 과식하면 설사의 원인이 된다.
- 대두에는 단백질의 소화를 저해하는 물질인 트립신 저해물질(trypsin inhibitor)이 함유되어 있으나 이 물질은 가열에 의해 쉽게 파괴된다.
- 대두는 조직이 치밀하므로 소화율이 높은 편은 아니지만 두부, 된장, 간장 등 여러 형태의 대두 가공식품은 소화율이 매우 높다.

3 두류의 조리 특성

(1) 흡습성

- 가열시간의 단축, 조직의 균일한 연화, 탄닌, 사포닌, 시안화합물 등의 불순물을 제거하고자 한다.
- 보통의 두류는 침수 5~6시간 후에 수분흡수가 빠르고 이후 서서히 흡수하여 약 20시간에는 거의 포화상태에 이르러 본래 콩 무게의 90% 이상의 물을 흡수한다.
- 팥은 이것과 달리 침수 초기에는 흡수 정도가 완만하고 15~25시간 후에 흡수량이 최대이다.
- 약 0.2%의 중조를 가하여 물을 약알칼리성으로 해주거나 1%의 소금물에 담그면 콩 조직이 연해져서 흡수 속도가 빨라진다.
- 알칼리에 약한 비타민 B_1이 감소하는 경향이 있다.

(2) 용해성과 응고성

- 깨끗이 씻은 콩을 물에 충분히 불려 마쇄기에 간 다음 물을 넣어 끓이면서 대두 단백질을 물에 용출시킨 후 거르면 흰색의 콜로이드액, 즉 두유를 얻게 된다.
- 두유는 우유에 비해서 분산입자의 크기가 작고 완전히 유화되어 있어서 원심분리를 하여도 크림성으로 분리하기 어렵다.
- 두유 중에는 미량의 케토산, 카르본산, 에스테르 등이 들어 있어 독특한 향미와 맛이 난다.

- 두부는 대두의 가용성분을 유출해 낸 두유에 적당한 응고제를 첨가하여 대두 단백질을 응고, 성형시켜 만든 것으로 단백질도 풍부하고 소화율도 높은 우수한 식품이다.

>> 두부의 응고성
- 대두 단백질인 글리시닌과 레규멜린은 대두를 마쇄하여 물로 추출하면 약 90%까지 용출된다.
- 글리시닌의 등전점인 pH 4~5로 맞추면 대부분의 단백질이 불용성이 되어 응고한다.
- 글리시닌은 칼슘염이나 마그네슘염의 묽은 용액에서도 응고되는데 이 성질을 이용하여 두부를 제조하고 있다.
- 응고제의 사용량은 대체로 대두의 1~2%인데 응고제의 종류에 따라 두부의 질감이 달라진다.
  - 산 응고제는 부드러운 물성, 염 응고제는 조금 더 단단한 물성
- 두유의 가열온도(70~80℃)와 응고제의 양도 두부의 질감에 영향을 주어 가열온도가 높을수록, 응고제의 양이 많을수록 두부는 단단해진다.

- 소포제 : 두유를 끓일 때 소량의 기름을 소포제로 첨가하면 끓어 넘치는 것을 막는다.
- 두부를 부드럽게 끓이려면?
- Ca을 응고제로 사용한 두부를 끓이는 국물 중 소금이 있으면 Na이 두부의 미결합 상태의 Ca과 단백질이 결합하여 단단해지는 것을 방지한다. (1%의 소금물이 적절)
- 두부를 단시간 내에 가열하거나, 가열의 마지막 단계에 넣어야 한다.

(3) 가열에 의한 변화

- 대두를 삶을 때 종피는 물을 흡수하면 팽윤하나 자엽은 팽윤이 느

리기 때문에 주름이 생긴다.

- 방지법으로 끓기 전에 냉수를 부어 수온을 50℃ 정도로 낮춘다.

▶ 부드러운 콩조림을 만들려면
  ① 콩을 먼저 0.5~1% 소금물에 담근 후 가열하면 콩단백질인 gly-cinin이 염용액에 가용성이므로 연화가 촉진된다.
  ② 계속 약한 불에서 가열하고, 설탕의 농도가 높을수록(60% 이상) 콩의 내부가 심하게 수축하므로 설탕을 3회 정도 나누어 넣거나 서서히 설탕농도를 높인다.
  ③ 보온성이 높은 냄비(압력솥)를 이용하며, 가열 후에는 끓인 액즙 중에 있는 콩을 뒤집어 주어 맛이 고루 배도록 한다.

(4) 두류의 산화

- 대두는 불포화지방산인 리놀레산과 리놀렌산이 많고 산화효소인 리폭시게나아제(lipoxygenase)가 들어 있어 공기 중의 산소와 접하면 산화되어 콩비린내를 낸다.
- 이 비린내의 주 물질은 헥산알(hexanal)로 알려져 있다.
- 콩이나 콩나물을 삶을 때 뚜껑을 닫는 것은 산소를 차단하여 콩비린내 생성을 방지하기 위한 것이다.

(5) 두류의 발아

- 두류를 어둡고 따뜻한 곳에 두면서 발아시키면 원래 두류에는 들어있지 않았던 비타민 C의 함량이 증가한다.

- 이렇게 성장한 싹에는 대두 중의 갈락토스가 변하여 생성된 비타민 C의 함량이 높고 티아민과 리보플라빈, 아스파트산의 양도 크게 증가한다.

(6) 두류 전분의 호화와 겔화

- 팥이나 녹두와 같이 전분함량이 높은 두류들은 떡의 소나 고물로 이용한다.
- 녹두전분은 다른 전분 겔보다 특히 탄력성이 우수하여 청포묵과 당면의 재료로 이용한다.

4 두류 이용 식품

(1) 발효식품

① 된장

된장은 메주를 쑬 때 사용한 재료의 종류와 양, 숙성기간, 된장을 담글 때 사용한 소금의 양 등에 따라 풍미와 품질이 달라진나. 된장에서 구수한 맛이 나는 것은 대두 단백질이 분해하여 생성된 아미노산, 전분이 분해하여 생성된 당, 발효과정에서 생긴 락트산, 석신산, 아세트산, 말산, 시트르산과 같은 여러 가지 유기산 등이 혼합되어 나타나는 맛 때문이다.

② 청국장

대두를 무르게 삶아 납두균(Bacillus natto)으로 40℃ 전후에서 16~18시간 발효시키면 대두에서 실과 같은 점액성 물질이 생기는데 이것이 청국장이다. 가정에서는 대두를 삶아 깨끗한 짚으로 적당히 싸서 보온하면 자연계의 납두균이 번식해서 청국장을 만들 수 있다.

청국장에는 강력한 단백질 분해효소와 전분 분해효소가 함유되어 있어서 소화를 돕고 대두의 단단한 조직이 납두균에 의해 연화되어 소화가 잘된다.

(2) 비발효 식품

① 두유

대두를 냉수에 담가 충분히 불린 다음 갈아서 끓여 거르면 백탁(白濁)의 콜로이드액인 두유(豆乳)를 얻을 수 있다. 우리나라에서는 두유를 콩국이라 하여 옛날부터 여름에 음료나 국수를 말아 먹는 데 애용해 왔다.

② 두부

대두 단백질 중 80~90%를 차지하는 글리시닌과 레규멜린은 수용성이므로 대두를 물에 불려 물과 함께 마쇄하면 약 90%가 용출된다. 이들 단백질이 칼슘염이나 마그네슘염에 의해 응고되는 성질을 이용하여 젤을 형성시킨 것이 두부이다.

[콩단백질 응고제의 특징]

응고제	첨가 두유온도	용해성	장점	단점
염화칼슘 (CaCl₂)	75~80℃	수용성	• 응고시간이 빠름 • 보존성이 양호 • 압착 시 물에 잘 빠짐	• 수율이 낮음 • 두부가 약간 거칠고 단단함
염화마그네슘 (MgCl₂) – 정제된 조제해수염화마그네슘	75~80℃	수용성	• 응고제로 주로 사용 • 단시간 내에 응고하고 쉽게 탈수됨	• 순간 응고되므로 고도의 기술 필요
황산칼슘 (CaSO₄)	80~85℃	불용성	• 두부색이 우수하고 탄력성이 있음 • 두부의 조직이 연하고 부드러움 • 수율이 높음	• 불용성으로 더운물에 20배 희석해서 사용 • 겨울철에는 사용하기 어려움
Glucono–δ–lactone(GDL)	85~90℃	수용성	• 사용이 쉽고 응고력이 우수 • 수율이 높음 • 연·순두부용으로 사용	• 사용량 초과 시 약간의 신맛이 있음

- 경두부 고형분 22% 이상, 일반두부 12% 이상, 연두부·순두부 6% 정도
- 두부 제조 과정 : 수침 → 마쇄 → 끓이기 → 여과 → 응고 → 탈수·성형 → 수침
- 마쇄 후 끓이는 이유 : 가용성 성분 추출로 수율 향상, trypsin inhibitor와 lipoxygenase 비활성, 살균
- 응고제 : 70~80℃일 때 응고제로 glycinin을 응고

MgCl$_2$, CaCl$_2$, CaSo$_4$, glucono-δ-lactone을 대두의 1~2% 첨가

- 응고제의 사용량이 너무 많거나 가열시간이 길면 두부가 단단해지고, 응고제의 양이 부족하면 추출된 단백질 전량이 응고되지 못함

- 수침 : 두부 모양이 부서지지 않게 냉각, 과잉 응고제 용출
두부와 결합하지 않은 Ca이 존재하면 가열 시 두부와 결합하여 수축, 경화시킴

③ 콩나물

콩나물에는 aspartate이 함유되어 있다.(aspartate가 알코올의 독성 작용을 억제)

④ 콩단백질 식품

- 콩가루(soy flours) : 탈지 후 분쇄(단백질 56~65%), 대두를 고온에서 볶아 가루로 만든 것이다. 생대두에는 생리상 불리한 물질들이 여러 가지 함유되어 있으나 가열과정에서 거의 파괴되며 대두 단백질도 열변성되어 소화되기 쉬워진다. 그러나 지나치게 오래 가열하면 라이신 등 일부 아미노산의 손실을 초래하여 영양가가 떨어진다.

- 콩농축단백분(soy protein concentrate) : 탈지콩에서 유지 및 비단백수용 성분 제거(단백질 65~90%)

- 콩분리단백분(soy protein isolate) : 탈지 콩가루 또는 탈지 박편으로부터 비단백질 성분 대부분이 제거된 순수 단백질(90% 이상)

연·습·문·제

01 대두의 품질을 평가하는 기준이 아닌 것은?

① 종실의 모양
② 배꼽색
③ 종실의 무늬
④ 종피의 균열

02 대두의 영양성분에 대한 설명 중 잘못된 것은?

① 대두에는 불포화지방산이 80% 이상 차지한다.
② 대두에는 필수지방산인 리놀렌산이 50% 이상 함유되어 있다.
③ 대두는 비타민 B군이 많이 포함되어 있다.
④ 대두의 약 40% 이상이 단백질로 되어 있다.

03 대두의 조리성과 이용의 짝이 옳지 않은 것은?

① 증자 – 강정
② 발아 – 콩나물
③ 응고 – 두부
④ 추출 – 콩기름

04 대두를 단시간에 삶는 방법이 아닌 것은?

① 압력솥 이용
② 식염수 이용
③ 알칼리성 용액 이용
④ 칼슘염 이용

05 두부의 제조 과정으로 옳은 것은?

① 물에 불리기 – 증자와 착즙 – 마쇄 – 압착 및 성형 – 응고 – 수침
② 물에 불리기 – 마쇄 – 증자와 착즙 – 응고 – 압착 및 성형 – 수침
③ 물에 불리기 – 증자와 착즙 – 마쇄 – 압착 및 성형 – 수침 – 응고
④ 물에 불리기 – 마쇄 – 압착 및 성형 – 증자와 착즙 – 수침 – 응고

정답 01 ③ 02 ② 03 ① 04 ④ 05 ②

유지류

CHAPTER 10

유지류

유지류는 음식의 풍미와 기분 좋은 식감을 줄 뿐만 아니라 식품의 구조를 약하게 하여 부드러운 음식을 만든다. 또한 물보다 끓는점이 높아서 식품을 가열하는 매개체로 이용되며, 고온에서 조리하는 동안 식품 표면의 물이 수증기로 증발하여 바삭한 식감과 독특한 풍미가 생성된다. 또한 지용성인 유지류를 식품의 조리에 이용하면 지용성 비타민의 흡수를 촉진시킨다.

1 유지의 분류와 특성

- 유지는 크게 상온에서 액체인 oil과 고체·반고체인 fat으로 구분한다.
- 일반적으로 단순지질, 복합지질, 유도지질로 구분한다.
- 우리가 식용하는 것은 단순지질 중 중성지질이다.
- 중성지질은 포화지방(동물성 유지, 야자유, 팜유), 불포화지방(대부분의 식물성 유지)로 구분한다.

1) 식물성 기름

식물 종자나 배아에서 분리하여 탈검(degumming), 탈산(중화, neutralizing), 탈색(bleaching), 탈취(deordoring), 동유처리(winterization) 등의 처리 과정을 거친다.

- 참기름, 들기름, 올리브유는 각각 볶거나 그대로 압착 후 사용한다.

▶ 동유처리란?

액체유를 5~7℃의 낮은 온도에서 장시간(약 50시간) 저장한 후 생성된 결정과 유지를 여과하여 제거하는 방법이다. 이 같은 과정을 거친 기름은 융점이 낮아서 냉장고 온도에 두어도 탁해지지 않고 맑은 상태를 유지하므로 샐러드유를 제조할 때 사용하는 방법이다.

① 대두유

지방산 조성이 리놀레산과 올레산이 약 80%를 차지하고 있고 다른 식물성유에 비해 리놀렌산의 함량이 높아 자동산화에 의한 산패가 빠르게 일어난다.

② 옥수수유

옥수수의 배아에서 짠 기름으로 산화와 가열에 안정성이 우수하고 연속적으로 튀김에 사용할 경우에도 발연점 저하가 낮아 오래 사용할 수 있으며 마가린 제조, 튀김용, 부침용으로 많이 사용된다.

③ 참기름

한국인이 가장 좋아하는 기름으로 정제하지 않고 그대로 사용한다. 올레산과 리놀레산이 각각 40% 정도 차지하고 있어 불포화지방산의 함량이 높지만 세사몰(sesamol)이라는 천연 항산화 성분이 함유되어 있어 다른 식용유에 비해 산화안정성이 우수하다.

④ 면실유

목화씨에 함유된 기름을 짠 것으로 옛날부터 식용되고 있으나 고시폴(gossypol)이라는 독성분이 있어 정제 시 제거해야 한다. 튀김용 기름으로 많이 사용하며 동유처리 과정을 거친 후 샐러드유로도 많이 사용된다.

⑤ 올리브유

지중해 지역에서 가장 애호하는 기름으로서 독특한 향미를 지니고 있다. 다른 식물성유와 달리 정제과정을 거치지 않고 사용하는 버진 올리브 오일(virgin olive oil)은 착유하여 처음 추출되는 최상급의 기름이다.

⑥ 미강유

쌀겨에서 짜낸 기름으로 색이 짙고 맛이 떨어지나 정제하여 튀김용, 마가린, 쇼트닝, 마요네즈 등의 원료로 사용하고 있다.

⑦ 카놀라유

유채의 품종을 개량하여 재료로 사용하며 인체에 유해하다고 알려진 에루신산(erucic acid)의 함량을 2% 이하로 낮춘 기름으로 새롭게 시판되고 있다. 불포화지방산의 비율이 90% 이상으로 그중 올레산 함량이 50% 이상이고 리놀렌산의 비율이 높으며 발연점도 높아 대두유와 유사한 특성을 지니고 있다. 주로 샐러드 드레싱, 마가린과 쇼트닝 제조에 이용되고 있다.

⑧ 들기름

독특한 향기와 냄새가 있어 기름과 함께 우리나라에서 애호하는 기름으로 참기름의 대용품으로 사용되기도 한다. 리놀렌산의 함량이 약 60%로 상당히 높고 천연 항산화제의 함량이 낮아 쉽게 산화되어 강한 산패 냄새가 발생되기 때문에 저장성이 상당히 낮다.

⑨ 팜유(palm oil)

상온에서 반고체이고, 정제된 팜유는 담백한 특유의 향과 맛을 가지며 동물성 유지와 비슷한 가소성을 갖는다. 마가린 제조용과 제과에 사용된다.

⑩ 야자유(coconut oil)

식물성이면서도 포화지방산의 함량이 많아 산화 안정성이 높고 장기간 저장할 수 있다. 커피크림, 비스킷 크림, 스낵의 튀김용, 쇼트닝의 원료로 사용된다.

2) 동물성 지방

동물성 지방은 동물의 조직에서 추출한 기름으로 포화지방산 함량이 높아 주로 실온에서 고체이며 우지(beef tallow), 라드(lard), 버터(butter) 등이 있고 불포화지방산이 많아 실온에서 액체인 어유(fish oil)가 있다.

① 버터(butter)

우유에서 크림을 분리하여 응집시키고 유화상태로 만든 제품으로 중수적형의 대표적인 식품이다.

80%의 유지방과 16~18%의 수분, 1% 고형분, 가염 버터의 경우 2~3%의 소금이 함유되어 있다.

▶ 특성 : 가소성, 쇼트닝 파워, 크리밍성이 있어 제과·제빵에서 중요한 역할을 한다.

butyric acid와 같은 저급 지방산이 많고, 독특한 풍미는 diacetyl 성분이다.

② 라드(lard)

돼지의 지방조직으로부터 분리, 정제한 것으로 거의 100% 지방으로 되어 있고 지방을 추출한 부위와 정제과정 등에 따라 질이 다르다.

▶ 특성 : 쇼트닝 파워가 크고 음식의 맛을 부드럽게 한다. 흰색이고 냄새가 나지 않아야 좋다. 크리밍성이 적어 과자를 만들 때 쇼트닝, 버터, 마가린과 함께 사용한다.

③ 어유(marine oil)

정어리, 청어 등에서 채취하고, DHA와 EPA의 함량이 많아 불포
화도가 높아 산패되기 쉽다.

④ 우지(beef tallow)

소의 신장과 장에서 채취하고, 소의 품종과 나이에 따라 경도가
다르다. 마가린과 쇼트닝의 원료, 비스킷, 크래커에 이용한다.

3) 가공유지

가공유지(prodessed fat)는 동물성 지방이나 식물성 기름에 화학적·
물리적 처리를 하여 만든 유지로 마가린, 쇼트링 등이 있다. 식용유지를
경화 또는 동유 처리하여 제조한 유지이다.

① 샐러드유(salad oil)

콩기름, 옥수수기름, 면실유, 카놀라유 등을 동유 처리하여 만
든다.

② 마가린(margarine)

식물성 기름에 수소를 첨가하여 불포화지방산을 포화지방산으로
변형시켜 액체였던 기름을 고체인 경화유로 만든 가공유지이다.
값이 비싼 천연 버터의 대용품으로 제조되었으나 최근에는 제과
용, 조리용으로 다양하게 이용되고 있어 중요한 유지제품이 되었
다. 마가린은 대두유, 면실유 등을 고도로 정제하여 부분 수소화

시켜 사용한다.

③ 쇼트닝(shortening)

라드의 대용품으로 초기에는 소기름과 면실유를 혼합하여 만들었으나 최근에는 대두유와 면실유 등 몇 종류의 식물성유에 수소를 첨가하여 제조하고 있다.

쇼트닝에 첨가되는 부원료로는 유화제, 항산화제, 공기 또는 질소가스 등인데 질소가스를 넣어주면 쇼트닝 파워와 크리밍성이 좋아진다.

쇼트닝은 100% 유지로 구성되어 있으며 무색, 무미, 무취의 특징을 가진다.

▶ 쇼트닝의 성질로서 중요한 것은 쇼트닝성, 크리밍성, 가소성, 유화성, 쇼트닝 파워는 조직이 바삭거리고 잘 부서지는 성질을 부여하기 때문에 비스킷, 파이, 크래커 등에서는 거의 필수적으로 이용된다.

2 유지의 물리적 성질

(1) 비중(specific gravity)

유지의 평균 비중은 15℃에서 0.91~0.99이다.

(2) 융점(melting point)

구성지방의 불포화도와 탄소수, 이중결합의 위치 등에 따라 다르다. 포화지방산은 탄소수가 증가할수록 융점이 높아지고, 불포화지방산은 이중결합수가 증가할수록 융점이 낮아진다.

▶ 팜유, 야자유는 식물성유지나 포화지방산이 많아 상온에서 고체로 존재한다.

▶ 어유는 동물성이지만 다가불포화지방산이 많아 낮은 온도에서도 액체로 존재한다.

(3) 용해성

유지는 물에 녹지 않고, 에테르, 클로로포름 등에 녹는다.

(4) 비열(specific heat)

유지의 비열은 0.47로 작아 온도가 빨리 오르거나 내려간다.

3 유지의 조리

1) 조리 시 유지의 기능

(1) 열 전달매체, 향미의 증가

비열이 작아 온도가 쉽게 상승하여 튀기기, 지지기, 볶기 등 빠르게 조리할 수 있고 독특한 향미와 맛, 색을 낸다.

(2) 부착 방지

윤활유의 역할, 고기나 생선을 구울 때 팬에 기름을 넣고 가열하면 막이 생겨 고기나 생선이 팬에 붙는 것을 막아준다.

(3) 가소성(plasticity)

가소성(plasticity)이란 고체이지만 외부에서 일정한 크기 이상의 힘을 주면 변형이 일어나는 성질이다. 버터, 라드, 쇼트닝, 마가린 등의 고체 지방은 외부에서 가해지는 힘에 의하여 자유롭게 변하는 가소성이 있어 다양한 모양을 형성할 수 있다. 버터, 마가린, 쇼트닝 등은 고체로 보이지만 고체와 액체가 혼합된 반고체 상태이기 때문에 식빵 표면에 바르면 퍼짐성이 있게 발라진다. 이러한 유지류는 온도가 증가하면 고체지방의 비율이 감소되면서 고체에서 반고체, 액체상태로 변한다. 냉장 보관한 버터를 냉장고에서 꺼낸 직후에는 버터의 온도가 약 10℃로 매우 단단한데 고체지방의 함량이 약 60%이다. 이를 상온에 두어 버터의 온도가 약 25℃가 되면 말랑말랑해져 빵에 바르면 퍼지는 상태가 되는데 고체지방의 비율이 약 10~15%이다. 이를 가열하면 고체지방은 거의 없어져서 액체상태가 된다. 버터는 가소성의 온도 범위가 좁아 여름에는 사용하기가 어렵다.

(4) 쇼트닝성(shortening power)

유지를 밀가루 반죽에 첨가하면 글루텐 표면의 수분에 막을 형성하여 글루텐의 형성과 성장을 방해함으로써 글루텐 망상구조가 잘 형성되지 못하여 부드러운 맛이 생성되는데, 이를 유지의 쇼트닝 작용(shortening power)이라고 한다.

유지는 반죽에 첨가하는 방법에 따라 다른 식감을 생성한다. 케이크나 도넛 반죽은 유지가 작은 입자로 퍼져 있어 음식을 만들면 부드러운 식감을 주는 반면, 파이, 페이스트리, 크래커 반죽은 유지를 덩어리로 섞은 후 밀대로 밀어 주어 유지 덩어리가 얇은 막이 되면서 밀가루 반죽을 두 층으로 분리하며 구우면 켜가 생기고 바삭해진다.

액체의 비율이 높은 유지를 이용하면 퍼짐성이 좋아서 반죽의 글루텐 표면에 막을 쉽게 형성하여 쇼트닝 작용이 커진다.

케이크나 쿠기 제조 시 반죽에 가소성이 있는 유지를 첨가하여 반죽을 연화시킨다.

유지가 반죽의 글루텐 표면을 둘러싸 망상구조 형성을 억제하여 서로 분리시켜 층을 형성함으로써 글루텐 길이가 짧아지게 된다.

쇼트닝 작용은 유지의 종류, 유지의 양, 유지의 온도, 반죽 정도, 반죽을 만드는 방법, 반죽에 첨가하는 부재료의 종류에 따라 차이가 있다.

[유지의 쇼트닝성에 영향을 미치는 요인]

- 유지의 종류 : 액체유가 고체유보다 더 넓은 표면적을 덮을 수 있어서 쇼트닝성이 크다.

  라드 > 쇼트닝 > 버터 > 마가린

- 유지의 양 : 유지의 양이 많을수록 쇼트닝성이 크다.(파이껍질) 도넛이나 약과반죽이 기름이 너무 많으면 글루텐 형성이 되지 않아 튀길 때 풀어진다.

- 유지의 온도 : 고체지방의 온도가 낮으면 쇼트닝성이 적고, 온도가 올라가면 퍼짐성과 쇼트닝성이 커진다.

  ⇒ 부드러운 쿠키(온도 높여 녹인 버터), 폭신한 파운드케이크(상온에서 녹인 버터), 페이스트리 반죽(결을 형성하기 위해 냉장 보관한 지방)

- 반죽의 정도와 방법 : 반죽을 너무 많이 하면 글루텐 형성으로 단단해지고, 지방을 미리 녹이거나, 설탕과 함께 녹여 크리밍한 후 사용하면 지방이 반죽 안에서 잘 퍼진다.

- 기타 : 달걀, 우유 등을 첨가하면 쇼트닝성이 감소한다.

(5) 유화성(emulsifier)

유지는 물에 녹지 않으며 물과 혼합하여 저어주면 일시적으로 분산되나 교반을 멈추면 비중이 가벼운 기름은 즉시 물 위에 뜬다.

① 유화액

- 유중 수적형(water in oil emulsion, W/O) : 버터와 마가린

- 수중 유적형(oil in water emulsion, O/W) : 우유, 생크림, 마요네즈, 크림수프, 케이크 반죽 등

② 유화제

- 물과 기름은 서로 섞이지 않으므로 두 액체를 섞어주려면 분자 내에 친수성 부분과 소수성(친유성) 부분을 모두 가지고 있는 다른 물질의 첨가가 필요한데 이러한 물질을 유화제라 한다.
- 천연 유화제로는 난황에 함유되어 있는 레시틴이 대표적이며 그 외 모노글리세리드, 디글리세리드, 우유 단백질 등이 있다.

▶ 마요네즈(Mayonnaise)

소스의 일종으로 식물성유, 식초, 난황을 주재료로 하여 만들어진 수중유적형의 대표적인 유화식품이다.

65% 이상의 기름을 함유하고 있지만 상쾌한 맛이 나고 보존성이 우수하다.

>> **혼합방법**

마요네즈 제조를 위한 재료의 혼합방법 중 중요한 것은
첫 단계에서 적은 양의 기름을 넣고 신속하게 저어주어 완전히 유화가 일어난 다음 조금씩 기름을 첨가하여야 분리가 일어나지 않는다는 것이다. 즉, 처음에 넣는 기름의 양이 적을수록, 천천히 첨가할수록 안정된 유화 상태를 이루며 기름방울의 지름이 작아진다.

마요네즈 분리의 원인

- 처음에 첨가한 기름의 양이 너무 많거나, 너무 빨리 넣은 경우
- 난황의 신선도가 저하된 경우
- 기름의 온도가 너무 낮아 제대로 분산되지 않은 경우
- 첨가하는 기름의 양과 젓는 속도가 균형을 이루지 못하는 경우
- 기타 : 냉동보관, 뚜껑 열려서 건조 시, 과도한 진동 시

▶ 프렌치 드레싱 – 기름과 식초를 병에 넣고 강하게 흔들면 유화된다. 일시적인 유화현상을 이용한 것으로 먹기 직전에 흔들어 먹어야 한다.

(6) 거품성(foaming property)

고체지방에 설탕을 넣고 저으면 공기를 함유하여 거품이 형성된다. 특히 생크림을 저어주면 공기가 들어가서 부피가 팽창된다.

(7) 크리밍성(creaming property)

버터, 마가린, 쇼트닝 등의 고체나 반고체를 빠르게 저어주면 지방 안에 공기가 들어가 부피가 증가하여 부드럽고 하얗게 변한다.(쇼트닝 > 마가린 > 버터)

(8) 발연점(smoke point)

유지를 가열하면 어느 온도에 달했을 때 유지가 글리세롤과 지방산으로 분해되어 푸른 연기가 나기 시작하는데 이 온도를 발연점이라 한다.
연기의 주성분은 아크롤레인(acrolein)으로 자극성이 강한 냄새가 나므로 발연점이 낮은 기름으로 튀길 때 그 냄새가 음식에 흡수되어 음식의 질이 떨어진다. 아크롤레인은 중성지방이 가열로 유리 지방산과 글리세롤로 가수분해되고, 글리세롤에서 물 분자가 탈수되어 생성된다.

발연점은 지방의 종류에 따라 다르며 발연점 높아야 식용유로 사용하기 좋다.

발연점은 유리지방산의 함량이 높을수록, 튀길 때 기름의 표면적이 넓을수록, 기름 속에 다른 물질이 많이 존재할수록, 사용횟수가 증가할수록 낮아진다.

2) 조리의 이용

① 튀김

㉮ 튀김 중 변화

- 기름을 열 매체로 하는 튀김은 고온 단시간 조리로 재료의 수분이 증발하고 기름이 흡수되어 바삭한 질감과 영양소나 맛이 손실이 가장 적은 조리법이다.
- 튀김에 사용된 기름은 가열로 분해되어 유리지방산과 과산화물, 중합체를 형성하여 점도가 증가하는 산패현상으로 색이 짙어지고, 거품이 형성되고 발연점이 낮아진다.
- 콩기름, 옥수수기름, 면실유가 튀김기름으로 적합하다.
- 튀김 시 흡유량에 영향을 미치는 요인 : 튀김온도가 낮거나 시간이 길수록, 재료 표면에 기공이 많고 거칠수록, 유지나 수분함량이 많을수록 레시틴과 같은 유화제가 함유된 식품의 흡유량은 증가한다.

ⓙ 식품별 튀김 온도

식품에 따라 튀기는 온도는 다르나 보통 180℃ 전후에서 튀긴
다.(낮은 온도에서 튀기는 음식 - 약과)

식품	온도(℃)
다시마, 약과	140~150
시금치, 파슬리 등 얇은 채소	150~160
닭, 생선	160~170
도넛 등 일반적인 튀김	170~180
튀김옷을 입힌 어패류	180~190
채소, 크로켓	190~200

ⓓ 튀김옷

감자칩과 같이 바삭하게 튀겨야 맛있는 음식은 그대로, 새우튀
김 같이 재료의 수분이 유지되어야 하는 것은 튀김옷을 입혀
서 튀긴다. 튀김옷을 입히면 재료의 수분 증발을 막고 기름을
흡수하여 맛이 좋아진다.

• 밀가루 : 글루텐이 적어 흡습성이 약하고 탈수가 잘되는 박
  력분이 좋다. 박력분이 없을 땐 중력분에 전분을 섞어 사용
  한다.

• 식소다 : 밀가루 중량의 0.01~0.2% 정도의 식소다는 탄산가
  스 발생과 동시에 수분이 증발하여 습기가 차지 않고 가볍고
  바삭하게 한다.

• 달걀 : 달걀은 반죽의 글루텐 형성을 도와 튀김옷의 경도를
  주고 맛도 좋게 한다.

- 설탕 : 설탕은 튀김옷의 글루텐 형성을 방해하여 연하게 만들고 튀김옷을 적당히 갈변시킨다.
- 튀김옷을 만드는 방법 : 튀김옷을 튀기기 직전에 달걀을 푼 것에 찬물과 체 친 가루를 넣고 글루텐이 지나치게 형성되지 않도록 가볍게 섞어서 사용한다.
  * 잘된 튀김은?
    - 튀김옷이 두껍지 않고, 질기지 않고, 기름이 적절히 흡수되어야 한다.

② 전 · 볶음

- 전이나 볶음에 사용되는 유지의 조리성은 유지가 향미를 주고, 부드러운 맛을 증가시키며 열전도체 역할을 한다.
- 수분함량이 90% 이상인 채소류는 재료 무게의 3% 정도, 얇게 썬 우육이나 어육처럼 단백질이 쉽게 응고하는 식품은 5% 정도, 기름을 흡수하기 쉬운 밥 등은 7~10% 정도의 기름을 사용한다.
* 호박전을 부칠 때 밀가루를 묻히는 이유는?
호박에 밀가루를 입히면 호박 표면이 거칠어져 마찰력이 생겨 달걀이 미끄러지는 것이 줄어든다.

4 유지의 산패(rancidity)와 산패방지법

1) 산패

식용유지나 지방질 식품을 장기간 저장할 때 산소, 광선, 효소, 물, 미생물 등의 작용을 받으면 색이 짙어지고 나쁜 냄새가 발생하여 품질이 저하되는데 이 현상을 산패라 한다.

포화지방산보다는 불포화지방산의 함량이 많은 식물성 기름, 생선기름 등에서 쉽게 발생한다.

(1) 산화적 산패

산화에 의한 산패는 유지 중의 불포화지방산이 산소를 흡수하여 산화됨으로써 불쾌한 맛과 냄새와 맛을 형성하는 것을 말한다. 유지가 공기 중의 산소를 흡수하는 과정은 자연발생적으로 일어나고, 이때 흡수된 산소가 유지를 산화시켜 산화물질을 생성하는 자동산화 과정이 이어진다.

(2) 가수분해적 산패

유지는 수분, 산, 알칼리, 리파아제(lipase)와 같은 효소에 의하여 가수분해되어 유리지방산과 글리세롤을 형성하는데 이때 불쾌한 냄새와 맛을 내며 유지가 변질되는 경우를 가수분해적 산패라고 한다. 가수분해 반응은 열에 의하여 촉진되는데 뜨거운 기름에 수분이 많은 식품을 넣어 튀길 경우 기름의 가수분해가 촉진된다.

2) 산패방지법

- 유지의 산패를 방지하려면 유지를 불투명한 용기에 넣어 어둡고 서늘한 곳에 보관한다.
- 식품을 튀긴 후 고운체를 사용하여 기름을 걸러 부스러기를 없애야 한다.
- 쓰던 기름과 새 기름을 혼합하여 사용하지 않는다.
- 항산화제를 사용할 수 있다.
  * 항산화제는 유지의 산화를 억제하여 유지를 안정화시키고 보존 기간을 연장시키는 물질이다.

[항산화제의 분류]

구분	항산화제
천연 항산화제	tocopherol, sesamol, gossypol, 카테킨, 갈릭산
합성 항산화제	BHA(butylated hydroxyanisole), BHT(butylated hydroxy toluene), PG(propyl gallate), EP(ethyl protocatechuate)

* 항산화제에 구연산, 비타민 C, 인산 등과 같은 상승제 물질을 첨가하면 항산화 효과를 증대한다.

>> **산가**(acid value)

유지 1g 중에 함유한 유리지방산을 중화하는 데 필요한 KOH의 mg 수로 표시한다. 유지의 정제가 불충분했을 때, 사용횟수가 증가했을 때, 기름이 오래되었을 때 산가가 높다.

요오드가(Iodin value)

사용한 유지의 품질저하 정도를 나타내는 척도로 이중결합이 많은 불포화지방산이 다량 포함된 액체는 요오드가가 높고, 포화지방산이 많은 고체유는 낮다.(유지의 불포화도를 나타내는 척도)

* 튀김 시 → 불포화지방산 감소 → 요오드가 감소

3) 변향(reversion)

리놀렌산을 다량 함유한 콩기름은 정제과정에서 콩비린내를 제거하지만 저장 과정 중에 원래의 콩비린내가 다시 나타나는 현상을 말한다.

>> 가열에 의한 기름의 변화

① 발연점의 저하
어느 온도에 달했을 때 글리세롤과 유리지방산으로 분해
→ 온도가 상승하면 글리세롤에서 2분자의 수분이 분리되어
→ acrolein형성 : 푸른 연기로 휘발, 자극성이 강한 냄새와 맛이 난다.

[발연점에 영향을 주는 조건]
ⓐ 유리지방산의 함량 : 함량이 높을수록 발연점이 낮다.
ⓑ 기름의 표면적 : 기름을 담은 그릇이 넓어 기름의 표면적이 넓으면 발연점이 낮아진다.
  → 되도록 좁고 깊은 팬을 사용한다.
ⓒ 이물질의 존재 : 기름이 아닌 이물질이 섞여 있으면 기름의 발연점이 낮아진다.
ⓓ 사용횟수 : 사용횟수가 증가함에 따라 발연점이 낮아진다. (한 번 사용할 때마다 10~15℃ 정도씩 낮아진다.)
ⓔ 연기성분은 알데히드, 케톤, 알코올, 아크로레인 등

② 거품의 생성
기름을 가열하는 중에 생긴 산화중합물의 축적 때문으로 기름의 산패도를 알 수 있다.

③ 중합도 및 점도의 증가
가열됨으로써 산화 · 중합되면서 점도가 증가한다. (특히 가열온도가 높을수록, 가열시간이 길수록)
※ 유지는 공기와 접촉면적이 넓어질수록, 고온으로 가열할수록 산화중합되기 때문에 점도가 증가한다.

④ 색의 변화
가열함에 따라 차차 갈변된다.

연·습·문·제

01 유지의 특성으로 옳지 않은 것은?

① 유지는 글리세롤에 지방산이 결합한 형태이다.
② 불포화지방산은 지방산이 단일결합으로만 이루어져 있다.
③ 유지는 종류마다 결합된 지방산의 종류가 다르다.
④ 불포화지방산은 시스형과 트랜스형으로 구분된다.

02 다음 중 가공유지가 아닌 것은?

① 마가린
② 쇼트닝
③ 라드
④ 스프레드

03 유지를 가열해서 푸른 연기가 나는 온도는 무엇인가?

① 발화점
② 끓는점
③ 발연점
④ 녹는점

04 다음 중 유지류의 가열에 따른 변화가 아닌 것은?

① 유지의 발연점이 낮아진다.
② 유지가 갈색으로 변한다.
③ 유지의 양이 증가한다.
④ 유지의 점도가 증가한다.

05 다음 중 수중유적형 식품이 아닌 것은?

① 우유
② 아이스크림
③ 마요네즈
④ 버터

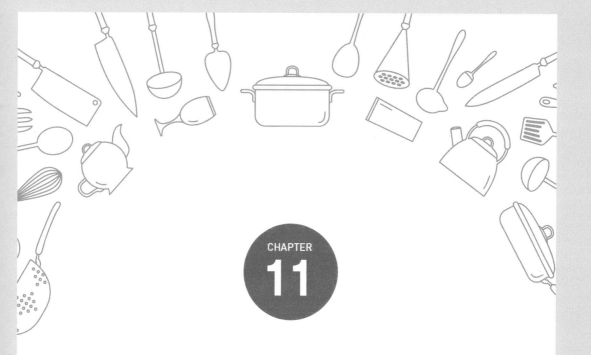

CHAPTER
11

채소류 및 과일류

채소류 및 과일류

CHAPTER 11

전 세계에서 식용되고 있는 채소의 종류는 매우 다양하다. 우리나라에서 식용하는 채소류도 예전에 비해 그 종류가 매우 다양해졌으며, 소비량 역시 크게 증가하고 있는 추세이다. 채소류는 일반적으로 엽채, 경채, 근채, 과채, 화채 등으로 분류한다.

Ⅰ. 채소류

1 일반적인 성분 및 특성

- 채소는 여러 가지 색소, 맛과 향기 성분을 함유하여 식욕을 돋우어 준다.
- 채소는 평균 약 90%의 수분을 함유하고 있고 1~3%의 단백질, 0.1~0.5%의 지질, 2~10%의 탄수화물을 함유하고 있어 에너지원으로는 거의 이용되지 않는다.
- 무기질과 비타민 함량이 많으며 식이 섬유소를 0.5~2% 정도 함유하고 있다.

2 채소의 분류

① 엽채류

- 엽채에는 배추, 시금치, 쑥갓, 상추, 갓, 아욱 등이 속한다.
- 엽채에는 수분과 섬유질, 무기질, 비타민의 함량이 높고 칼로리와 단백질의 함량은 낮다.
- 엽채는 특히 카로틴, 비타민 C, 비타민 B_2를 많이 함유하고 있다.

② 경채류

- 셀러리, 아스파라거스, 죽순, 두릅 등의 채소의 줄기를 섭취한다.
- 수분함량이 많고 당질이 적게 들어 있다.

③ 근채류

- 무, 당근, 연근 등이 이에 속한다.
- 수분 함량은 보통이며 상당한 양의 당질을 가지고 있다.
  - 전분, 포도당, 자당
- 비타민과 무기질의 함량은 높지 않다.

④ 과채류

- 오이, 고추, 가지, 호박, 토마토, 수박, 참외 등이 과채에 속한다.
- 과채는 수분과 섬유질의 함량은 높으나 칼로리와 단백질의 함량은 낮다.
- 과채는 엽채보다 카로틴과 비타민 C의 함량이 낮다. (고추, 토

마토는 예외)

⑤ 화채류

- 꽃을 먹는 채소로 콜리플라워, 브로콜리, 황화(원추리꽃) 등이 있다.
- 브로콜리의 비타민 C 함유량은 레몬의 두 배 정도이며, 비타민 A, B_1, B_2, Ca, K가 풍부하다.

⑥ 종실

- 완두콩과 옥수수가 여기에 속한다.
- 수분은 낮으나 상당한 양의 단백질과 다량의 전분, 다량의 섬유질을 가지고 있다.

3 채소의 신선도

- 채소는 수확 후에도 세포들이 당분간 살아 있고, 각 세포 내의 액포에는 수분이 가득 차 있어 세포막이 세포벽을 외부로 밀어내는 압력, 즉 팽압이 크므로 빳빳하고 싱싱해 보인다.
- 그러나 세포 내에서는 동화작용, 즉 합성과정은 중단되고 이화작용, 즉 분해과정만 진행된다.
- 따라서 세포 내의 존재하는 모든 물질들은 분해하기 시작하고 수분은 증발한다.

- 시간이 흐름에 따라 채소는 시들고 색이 변한다.
- 비타민 C와 엽록소의 함량은 실온에 저장한 것보다 냉장고에 저장한 것이 잔존율이 높기는 하나 많은 양이 분해된다.

4 조리에 의한 성분의 손실

(1) 조리 시 일어나는 손실

① 수용성 물질

　ㄱ 채소에 함유되어 있는 수용성 물질 :

　수용성 질소, 당, 수용성 비타민, 무기질, 맛성분, 향기성분, 색소, 탄닌 등

　ㄴ 단면이 물에 노출되면 용출되어 손실됨 :

　단면이 클수록, 물에 접촉하는 시간이 길수록 손실량이 크므로 단면적을 적게 해야 한다.

　ㄷ 손실을 최소화하는 방법 :

　씻은 후 썰어야 수용성 성분이 용출되는 것을 방지한다.

　데칠 때는 되도록 물을 적게 사용, 조리시간은 짧게 해야 한다.

② 휘발성 물질

　가열에 의해 휘발 → 채소의 향기를 저하시킨다.(영양상 큰 문제는 없다.)

disulfide 유황화합물 분해 − 단시간 조리(마늘, 양파, 무)

뚜껑을 열고 조리하여 휘발성 물질과 산을 증발시킨다.

③ 열에 의해 파괴되는 물질

 ㉠ 엽록소(chlorophylls) : 고열, 장시간(5~7분) → 파괴 → pheo-phytin

 ㉡ Vit C : 가열로 파괴

 ※ 자가분해 : 데친 후 시간이 경과하면 Vit C가 계속 분해되어 파괴되는 것으로 데친 후 빨리 찬물에 헹궈주고, 조리 후 즉시 섭취하는 것이 좋다.

(2) 여러 가지 성분의 손실에 영향을 주는 요인

① 준비과정

 ㉠ 껍질을 벗겼는가 유무 : 수용성 성분의 용출을 방지하기 위해 껍질째 조리하는 것이 좋다.

 ㉡ 조리 전 채소 자르기 : 표면적이 클수록 영양소 손실량이 커진다.

 ㉢ 씻기 : 가볍게 씻는다.

② 조리방법

 ㉠ 삶기 : 수용성 물질의 손실이 가장 크다. 반면에 열에 의한 영양소 파괴율은 낮다.

 ㉡ 찌기 : 영양성분의 손실이 적다

ⓒ 굽기 / 오븐에 굽기 : 열에 의한 파괴가 크다.

ⓔ 데치기 : 푸른 채소의 색의 변화, 수용성 물질의 손실

ⓜ 볶기 : 고온에서 단시간 조리하므로 무기질, 비타민 손실이 적다.

ⓑ 튀기기 : 고온 단시간으로 영양소 손실이 적다.

ⓢ 기름에 지지기(부침, 전) : 영양소 손실이 적다.

(3) 조리온도와 시간

조리온도 높고, 조리시간 길수록 손실이 크다.

(4) 물의 pH

유기산이 조리수로 용출되면 조리수의 pH는 산성으로 되어 엽록소가 pheophytin으로 변한다.

식소다를 첨가하면 쉽게 연화되고 색이 보전되나 비타민 B_1, B_2, C 손실된다.

≫ 영양소 손실을 막으려면

① 물에 노출되는 표면적을 적게
② 끓는 물을 이용해서 조리시간 단축
③ 일반채소는 조리수의 양(물)을 적게 → 휘발성 채소는 많게
④ 삶고 난 후 그 물을 다른 조리에 이용

채소 조리에 의한 변화

① 수분함량 감소
② 당의 호화, 단백질 변성 응고 – 소화가 용이해진다.
③ 무기물의 다량 용출 – 단면적을 적게 하고 가열시간은 짧게 한다.
④ 비타민의 손실 – 비타민 B_1, B_2, C 손실 – 중조사용 금지

채소의 선명하고 아름다운 색을 보여주는 식물성 색소는 크게 chlor-phyll, carotenoid, flavonoid 등으로 구분된다.

1) 클로로필(chlorophyll)

클로로필은 세포 내의 엽록체에 존재하고, 식물체의 광합성에서 빛에너지를 받아들이는 중요한 감광체 역할을 하는 것으로 알려져 있다.

클로로필은 기능기의 종류에 따라 클로로필 a, b, c, d의 여러 종류가 있는데, 그중 녹색 식물체에서 중요한 것은 감광체 역할을 하는 것으로 알려져 있다.

클로로필(엽록소)은 식물의 잎과 줄기 세포 내 엽록체에 단백질과 결합하여 존재한다.

(1) 산에 의한 변화

클로로필을 산성용액에 방치하면 클로로필의 Mg^{2+} 이온이 H^+로 치환되어 녹갈색의 pheophytin이 형성된다. 계속 산에 방치되면 클로로필의 phytol이 제거되어 pheophorbide가 형성된다.

⇒ 열은 이 과정을 더 촉진시킨다.(조리시간이 길수록, pH가 낮을수록)

* 채소를 데칠 때는 뚜껑을 열고 가열함으로써 휘발성 유기산을 증발시키고, 조리수를 다량(채소 무게의 약 5배 정도) 사용함으

로써 비휘발성 유기산의 농도를 희석시켜 푸른색을 선명하게 해
야 한다.

⇒ 데쳐 낸 것을 냉수에 담그든지 빨리 식혀 유기산과의 반응을
차단한다. 채소의 온도를 급격히 저하시켜 비타민 C의 자가분
해를 방지할 수 있다.

(2) 알칼리에 의한 변화

조리수가 약알칼리일 때 chlorophyll의 phytol은 떨어져나가 짙은
색깔의 수용성 chlorphyllide가 되고, 계속해서 클로로필의 메탄올
이 떨어져나가 짙은 청록색의 chlorophyllin이 된다.

▶ 색의 고정이나 질감의 연화를 위해 소량의 중조($NaHCO_3$)는 큰
영향이 없지만 다량의 사용은 비타민 C와 비타민 B_1을 파괴하
고 쓴맛이 생기며 질감을 지나치게 무르게 한다.

(3) 효소에 의한 변화

chlorophyll에 효소인 chlorophllase가 작용하면 피톨기가 제거되
어 선명한 녹색의 chlorophllide가 형성된다.

(4) 금속이온에 의한 변화

클로로필은 구리, 철 등의 금속이온과 함께 가열하면 클로로필 중
의 Mg^{2+}이 이들 금속이온과 치환되어 안정하고 선명한 구리-클
로로필, 철-클로로필을 형성한다.

2) 카로티노이드(carotenoid)

카로티노이드는 클로로필과 함께 다양한 식물 조직에 함유되어 있는 색소이다. 그 함량에 따라 클로로필이 더 많으면 녹색으로, 카로티노이드 계열 색소가 더 많으면 황색, 등황색, 적색 등을 띠게 된다. 가을에 단풍이 들거나 푸른색의 미성숙한 과일이 익어 가면서 색이 변하는 것이 그 예이다. 자연계에 가장 많이 존재하는 천연색소로 당근, 고구마, 옥수수 등의 황색, 주황색, 약간의 적색을 나타내는 색소이다.

▶ 카로티노이드는 chromoplast에 존재하거나 푸른 채소의 엽록체에서 클로로필과 존재한다.

[카로티노이드의 색과 함유식품]

색소		색깔	함유식품
카로틴 (carotene)	α−카로틴	주황색	당근, 오렌지
	β−카로틴	주황색	당근, 고구마, 호박, 오렌지
	γ−카로틴	주황색	살구
	lycopene	적색	토마토, 수박, 자몽
크산토필 (xanthophyll)	lutein	주황색	오렌지, 호박
	zeaxanthin	주황색	옥수수, 오렌지
	cryptoxanthin	주황색	감, 옥수수, 오렌지

▶ 카로티노이드는 쉽게 산화되나 천연색소 중 비교적 안정하여 일반 조리방법으로 색이나 영양가에 거의 영향을 받지 않는다.

▶ 카로티노이드는 지용성이므로 볶음이나 튀기는 것이 좋다.

3) 플라보노이드(flaconoid)

넓은 의미의 플라보노이드 색소는 폴리페놀계 수용성 색소로서 안토잔틴과 안토시아닌의 두 종류로 크게 분류된다. 플라보노이드의 종류는 anthocyanin, anthoxanthin, leucoanthocyan, cathechin 등이 있다.

(1) 안토시아닌

안토시아닌 색소는 액포의 세포액에 존재하는 수용성 색소로서 자연계에는 수백 종의 안토시아닌 색소가 존재하는데, 치환기의 종류와 개수에 따라 각각 다른 색을 나타낸다. 또 같은 안토시아닌 색소라도 적양배추, 가지, 자색감자에 있는 안토시아닌은 채소의 적색, 청색, 자색 등의 선명한 색으로 수용성이어서 많은 양의 색소가 물속에 용해되어 색이 엷어진다.

색을 유지하기 위해서는 조리수를 적게, 껍질을 벗기지 않고, 상처 없이 조리한 후 껍질을 벗겨야 한다.

① pH에 의한 안토시아닌의 변화

- 산에 안정하여 - pH 4 이하에서는 적색 또는 더욱 선명하게 유지(식초나 레몬 주스 첨가)
- pH 8.5 부근에서는 자색
- pH 11.0보다 알칼리에서는 청색 또는 녹색으로 변색

이 반응은 가역적으로 다시 식초나 유기산이 많은 식품을 처리하면 다시 적색으로 환원

② 효소에 의한 변화

- 안토시아닌 색소는 분해효소인 anthocyaninase의 작용으로 퇴색 또는 암갈색으로 된다.

③ 금속이온에 의한 변화

- 안토시아닌 색소는 Al^{3+}, Fe^{2+}와 결합하여 안정되므로 검은콩을 조리할 때 백반이나 오랜된 쇠못을 넣으면 가지의 색이 퇴색하지 않는다.

④ 열에 의한 변화

- 안토시아닌 색소는 열에 불안정하여 열처리 하는 동안 색소가 쉽게 분해, 중합되어 색이 변한다. 그러나 기름 볶음, 튀김 등 비교적 고온처리에서는 변색하지 않는다.

(2) 안토크산틴(anthoxanthin)

① pH에 의한 변화

- 안토크산틴은 양파, 연근, 우엉, 양배추, 감자 등의 백색채소에
  들어있는 무색 또는 담황색의 수용성 색소로 산에는 안정하여
  선명한 백색을 유지하고 알칼리에서는 불안정하여 황색이 된다.
  (산성 : 선명한 백색 / 중성 : 무색 또는 담황색 / 알칼리성 : 황
  색-불안정)
  ▶ 조리 예 - 무생채나 소금을 넣고 만든 마늘장아찌에 식초
    첨가 시, 초밥에 식초를 넣고 버무리면 재료의 색이 더욱
    하얘진다. 식소다를 넣은 찐빵은 색이 엷은 황갈색이 된다.

② 금속이온에 의한 변화

분자 내 여러 개의 페놀성 수산기(-OH)를 갖고 있어 금속과 반응
하면 불용성 착화합물을 만든다.

철과는 적갈색, 알루미늄과는 황색화합물을 만든다.

* 베타레인(Betalain)은 indol핵을 포함한 alkaloid 구조의 색소로
  붉은색과 노란색을 나타낸다.
  - 수용성 색소로 식품에서 붉은 색소로 많이 사용된다.
  - 레드비트, 사탕무, 근대, 순무, 맨드라미, 명아주 등에 함유
    되어 있다.
  - 붉은색의 betacyanin과 노란색의 betaxanthin 2종류가 있다.

Ⅱ. 과일류

※ 과일의 종류

① 인과류 : 사과, 배, 감귤, 모과

② 핵과류 : 복숭아, 자두, 살구, 매실

③ 장과류 : 딸기, 바나나, 포도, 파인애플

④ 견과류 : 밤, 잣, 호두, 땅콩

- 과일의 성분은 대체로 수분이 약 80~90% 정도로 많으며 단백질과 지질은 적으나 아보카도나 코코넛은 다른 과일에 비해 지질함량이 높다.
- 유기산은 사과산(malic acid), 구연산(citric acid), 주석산(tartaric acid)이 대표적이다.

1 과일조직의 구조

1) 섬유소와 세포벽(glucose가 β-1,4 결합한 중합체)

유세포를 포함하는 모든 식물 세포들은 세포의 내용물을 보호하는 세포벽에 둘러싸여 있다. 세포벽은 다공질이고 물에 대한 투과성이 있다. 세포벽의 주된 구성성분은 섬유소이다. 이 섬유소 때문에 식물은 단단하면서도 유연하다.

섬유소는 세포벽에 섬유의 형태로 싸여 있는데 그 섬유 사이에는 헤미셀룰로스와 펙틴질이 가득 차 있다. 과일 유세포의 벽은 비교적 얇다. 그에 비해 과일의 외부를 둘러싸고 있는 보호 세포의 세포벽은 다량의 섬유소와 헤미셀룰로스를 가지고 있어 두껍다. 사과, 배, 토마토, 복숭아 등의 껍질이 좋은 예이다.

2) 펙틴질(galacturonic acid가 α-1,4 결합한 polygalacturonides)

펙틴질은 또한 세포와 세포 사이에 있으면서 세포들을 서로 붙여 주는 역할도 한다.

▶ 프로토펙틴(protopectin), 펙틴(pectin), 펙틴산(pectin acid), 펙트산(pectic acid)을 포함한다.

펙틴질(pectic substances)은 세포막이나 세포간질에서 셀룰로스와 함께 존재하는 복합다당류(heteropolysaccharide)이며, 셀룰로스와 헤미셀룰로스들의 접착제 또는 세포와 세포를 결착시켜 주는 접착제의 역할을 한다. 펙틴질은 식물의 잎, 껍질, 뿌리, 구근, 열매 등 모든 부분에 존재하고, 과일에서는 과육보다 껍질과 속에 더 많이 함유되어 있다.

- 프로토펙틴은 미성숙한 과일과 채소에 존재하는, 물에 불용성인 펙틴질을 말한다.
- 펙틴, 펙틴산은 물에 용해된다.
- 펙틴, 펙틴산은 설탕과 산이 존재하면 사과나 포도 젤리와 같은 젤리를 형성한다.
- 채소나 과일의 조직에 물을 첨가하고 가열하면 물에 용출된다.

- 채소나 과일을 가열하면 프로토펙틴이 용해성인 펙틴과 펙틴산으로 분해되어 물러진다.
- 사과와 감귤류는 특히 펙틴질 함량이 높기 때문에 펙틴질의 급원으로 사용된다.

3) 세포질

과일 조직에서도 세포마다 세포벽 안에 원형질을 둘러싸고 있는 원형질막이 있다.

원형질은 핵, 액포, 색소체, 세포질로 구분된다.

세포질은 젤리같이 말랑말랑하여 핵, 액포, 색소체들이 그 안에서 자유롭게 이동할 수 있다.

액포에는 세포즙이 들어 있다.

2 과일의 성분

(1) 수분

과일의 수분 함량은 80~90%로 대부분 액포에 존재하고 당, 염, 유기산, 수용성색소, 비타민 등이 용해되어 들어 있다. 수분에 용해될 수 없는 물질들은 교질 상태로 수분에 흩어져 있다.

(2) 탄수화물

수분 다음으로 많은 것이 탄수화물이다.

당, 전분, 섬유소, 헤미셀룰로스, 펙틴질이 과일에 존재하는 탄수화물이다. 과일의 당 함량은 과일이 익어감에 따라 증가한다. 과일의 종류와 익은 정도에 따라 3종류의 펙틴질 함량이 다르다. 익은 후에도 단단한 과일은 불용성인 프로토펙틴을 다량 함유하고 있다.

(3) 단백질, 지방, 무기질

과일은 생명을 유지하는 데 필요한 양만큼 소량의 단백질을 가지고 있다.

대부분의 과일 100g은 약 1g 정도의 단백질을 함유하고 지방 함량도 적다.

(4) 비타민과 무기질

비타민 C와 비타민 B_1, B_2, 프로비타민 A(Carotinoid)의 비타민과 칼륨(K), 나트륨(Na) 등의 무기질이 풍부하다.

(5) 유기산

과일의 액포에는 몇 종류씩의 유기산이 용해되어 있다. 이들 유기산과 당이 합하여 과일의 맛을 낸다.

토마토와 감귤류의 주된 유기산은 구연산(citric acid)이고, 복숭아와 사과에는 사과산(malic acid)이 많이 존재하며 포도는 사과산과 주석산(tartaric acid)이 주된 산이다. 파인애플에는 구연산과 사과산이 많이 함유되어 있다.

과일 중에서 라임과 레몬은 가장 신 과일로 pH 2.0~2.2이고, 사과, 자몽, 자두, 딸기의 pH는 3.0~3.4이다. 오렌지, 복숭아, 배의 pH는 3.5~3.9이다. 바나나의 pH는 4.6이고 수박의 pH는 6 정도이다.

3 과일의 숙성 중 변화

과일은 숙성 적기에 맛과 향기성분의 함량이 최고에 달하며 품질이 가장 우수하다.

특성	숙성하는 과정에서의 변화
크기	증가함
조직	펙틴질 중 불용성 펙틴인 프로토펙틴이 수용성 펙틴으로 변하기 때문에 연해짐
색	과일 특유의 색을 보여줌
유기산	신맛이 감소하고 맛이 부드러워짐
당	전분이 당으로 분해되어 단맛이 증가함
탄닌	감이나 바나나 같이 미숙한 과일에는 탄닌이 많아 떫은맛을 나타내나 성숙됨에 따라 불용성이 되어 떫은맛이 없어짐

▶ 호흡기 과일의 경우 이산화탄소 방출량이 증가된다.

호흡기 과일(수확 후 호흡률 증가−사과, 멜론, 복숭아, 살구, 배, 감, 바나나, 토마토)

비호흡기 과일(숙성 후 수확−딸기, 포도, 귤, 오렌지, 자몽, 키위 등)

▶ 호흡기 과일은 소량의 에틸렌에 의해 호흡이 크게 증가되므로 덜 익은 호흡기 과일을 사과와 같이 봉지에 밀봉하여 싸두면 빠른 속도로 숙성한다.

* 과일을 숙성시키는 식물성 호르몬 에틸렌 가스의 기능은?

과일이 숙성되는 과정에서 생성된 에틸렌 가스는 풋과일의 세포대사를 자극하여 호흡을 촉진하므로 과일을 숙성시키는 식물호르몬과 같은 생리작용을 한다.

4 과일의 갈변현상

(1) 효소적 갈변

사과, 바나나, 복숭아, 살구의 껍질을 벗기거나 잘라 놓으면 자른 단면이 공기 중에 노출되어 조직 속에 함유되어 있는 폴리페놀화합물이 산소와 접촉하게 되어 갈색물질이 생성된다.

polyphenoloxidase에 의한 갈변이다.

(2) 방지법

① 가열처리

과일통조림이나 잼 제조 시 고온에서 적당시간 열처리로 효소를 불활성화한다.

데치는 동안 이취발생, 질감변화, 연화 등 문제가 발생하므로 가열온도와 시간에 주의한다.

② 효소의 최적조건 변화

사과의 polyphenoloxidase의 최적 pH는 5.8~6.8이고, pH 3.0에서는 상실되므로 식초, 레몬즙, 오렌지즙 등의 산성용액에 담그거나 냉각, 냉동으로 억제한다.

▶ polyphenoloxidase는 구리에 의해 활성화, 염소에 의해 활성이 억제(소금물)된다.

③ 산소의 제거

산소의 접촉을 피하기 위해 껍질을 벗긴 과일이나 절단한 과일을 물에 담근다.

진공포장을 하거나 질소가스나 탄산가스로 대체하기도 한다.

④ 환원성 물질의 첨가

강한 환원력을 가진 ascorbic acid는 갈변방지에 효과가 크다.

감귤류로 만든 주스를 과일에 뿌려준다. 그 외 황화수소(SH)화합물인 cystein, glutathione을 첨가한다.

5 과일의 조리 및 이용

1) 조리 중의 변화

영양소의 손실을 적게 하고 색을 아름답게 유지하도록 한다.

(1) 질감의 변화

가열하는 동안 세포 내의 용질이 조리수에 용출되며 삶은 과일은 세포 간에 불용성 프로토펙틴이 가열에 의해 수용성 펙틴으로 전환되어 아삭한 질감이 없어지고 물컹하고 투명해진다.(예 : 배숙)

(2) 색소의 변화

가열 시 과일의 색소는 과육 내 유기산, 조리수의 pH, 무기질 등의 반응으로 색이 변한다.

과실 색소 중 anthocyanin계 색소는 산성에서 적색을, 염기성에서는 청색, 보라색을 나타내고 가열하면 적색을 잃는다. 클로로필은 열에 매우 불안정하여 과일을 가열하면 세포가 파괴되어 유기산이 액포에서 빠져나와 산이 클로로필의 Mg과 치환되어 pheophytin을 형성한다.

(3) 향미의 변화

과일에 향미를 부여하는 물질은 당과 ester이다. 일부 유기산은 휘발성이고 조리하는 도중에 손실된다.

(4) 영양가의 변화

가열과 산화에 약한 비타민 C는 영향을 많이 받는다. 따라서 조리시간을 단축하고 과즙의 갈변방지를 위해서 소금이나 산을 첨가하면 비타민 C의 산화방지에 큰 효과가 있어 비타민 C의 잔존율이 높아진다.

2) 과일의 이용

과일 대부분은 생으로 섭취하나 주스, 건과, 통조림 또는 냉동하여 먹기도 한다.

(1) 생과일

제철과일은 비닐하우스 과일에 비해 햇빛과 땅의 영양분을 빨아들여 비타민, 무기질 등 영양소가 훨씬 많다. 배, 파인애플, 키위, 파파야, 무화과 등에는 protease가 있어 연육작용을 한다.

(2) 건과

대추, 건포도는 수분함량이 15~18%이며 곶감은 수분함량이 28~30% 정도이다.

곶감은 감에 비해 단맛이 4배 증가, 표면의 흰색가루는 당알코올인 만니톨이다.

(3) 냉동과일

과일을 장기간 저장하는 방법으로 냉동하기 전에 데쳐서 영양과 색을 파괴하는 효소를 불활성화한다. 배, 사과, 복숭아 등의 변색을 방지하기 위해서 ascorbic acid나 citric acid를 사용하기도 한다.

(4) 잼과 젤리

대부분의 과일은 펙틴의 함량은 다르지만 펙틴질을 가지고 있어 당과 산이 적당량 존재하면 잼이나, 젤리, 마멀레이드 등을 만들 수 있다.

> **》 Jelly 형성에 영향을 주는 조건**
>
> 과즙은 펙틴 졸(pectin sol)이다. 즉 펙틴이 미립자로 산포되어 있는 액체이다.
> - 펙틴의 함량 : 함량이 1~1.5%일 때 적정하다.
> - 펙틴구조 : 분자량이 큰 펙틴이 좋다.
> - 산 : 0.3%(과일의 유기산), pH(3.0~3.4 최적-3.2)
> - 당 : 60~65%

① 펙틴질

▶ 펙틴질에는 불용성이 protopectin, 수용성인 pectinic acid, pectin, pectic acid 젤리가 형성되려면 과즙에 충분한 양의 펙틴이 존재해야 한다. 과즙에 펙틴의 함량이 증가하면 할수록 펙틴 졸이 식은 후의 젤리의 단단한 정도가 증가한다.

▶ 펙틴의 최적 함량은 1% 정도다.

▶ 과즙이 젤리를 형성할 만큼 충분한 펙틴을 함유하고 있는지 측정하는 방법

    ㉠ 알코올 침전법 : 펙틴질에 95% 알코올과 같은 탈수제를 넣으면 침전이 일어나 과실에서 추출한 펙틴의 양을 추정한다.

    ㉡ 점도 측정법 : 점도계를 이용하여 점도가 높은 것이 펙틴 함량이 높다.

② 당(설탕)

설탕은 펙틴에서 탈수 작용(dehydration agent)을 한다. 보통 설탕의 양을 늘리면 겔의 강도가 강해지고 젤리가 빨리 굳는다. 설탕의 최적 농도는 어떤 과즙에서 있어서나 65%로 알려져 있다. 설탕의 양을 65% 이상 늘리면 젤리 표면에 또는 젤리 내부에 설탕의 결정체가 생긴다.

젤리를 만들 때 설탕의 농도를 65%로 하려면 104~105℃까지 끓이면 된다.

③ 산

설탕 첨가 후 산이 존재하면 산에서 형성된 수소이온에 의해 펙틴분자들이 가진 음전하가 중화되어 펙틴분자끼리의 결합과 침전이 용이해지고 펙틴분자 간에 다리를 놓아 펙틴이 망상구조를 형성하게 한다. 젤리 형성의 최적 pH는 3.0~3.3이다.

젤리를 제조할 때 지나치게 숙성된 과일은 산 부족으로 인하여 좋은 젤리가 형성되지 않는다.

>> **Jelly point 결정방법**
- Cup법 : 끓는 과즙을 한 스푼 떠서 충분히 냉각시킨 다음 냉수를 담은 컵 속에 소량 떨어뜨려 당액이 바닥까지 뭉쳐져 내려가면 적당한 것
- Spoon법 : 과즙액을 스푼으로 떠서 흘러내리는 모양을 관찰하여 묽은 시럽 모양으로 떨어지면 부적당하고, 끝이 jelly모양으로 굳은 정도로 떨어지면 적당한 것
- 온도계법 : 끓고 있는 농축액에 온도계를 넣어 그 온도가 104~105℃가 되면 좋다.
- 당도계 법 : 굴절 당도계를 사용하여 농축액의 당도를 측정하여 65%가 되면 좋다.

Ⅲ. 김치

김치의 종류는 지방에 따라 또는 각 가정에 따라 다를 뿐만 아니라 계절과 재료에 따라서도 다르므로 그 종류가 아주 다양하다. 최근 한국식품개발연구원에서 실시한 조사에 의하면 형태에 따라 크게 김치류, 깍두기류, 동치미류, 소박이류, 겉절이류, 생채류, 식해류, 장아찌류로 분류하였는데, 이 중 생채류는 김치류라기보다는 나물에 포함시키는 것이 보편적이며, 식해류는 주재료인 생선류와 부재료인 당을 젖산발효에 의해 숙성시킨 것으로서 일반 김치류와는 구분된다.

1 김치 담금의 원리

김치 담그기는 채소를 소금에 절이는 과정부터 시작되는데 채소 조직의 세포벽은 투과성 막이므로 소금이나 당 등의 조미료를 통과시킨다. 채소를 소금에 절이면 소금이 세포벽을 통과하여 세포간질과 세포의 원형질막 사이까지 침투해 들어가서 채소가 짜진다. 세포벽 안쪽에는 반투막인 원형질막이 있어 삼투압에 의해 세포 내의 물은 밖으로 유출되고, 결국 원형질 분리가 일어난다. 이렇게 되면 Na＋이온의 영향으로 원형질막의 반투성이 깨져 소금물이 액포에까지 들어간다. 소금이 침투되는 속도는 확산의 법칙에 따라 세포 내외 액즙의 농도 차가 클수록, 채소의 온도가 높을수록, 채소의 절단면이 넓을수록 빠르다.

① 소금에 절이기 : 봄과 여름 소금의 농도 11~12%로 8~9시간이고, 겨울에는 13%로 13시간 정도이다.

② 김치의 숙성 : 가장 잘 숙성된 김치의 pH는 4.3이다.

  ㉠ 온도 : 숙성온도가 김치 미생물의 생육에 영향을 준다.

    겨울김장 김치는 5℃에서 3주, 여름철 20℃에서 2일 정도가 좋다.

  ㉡ 소금농도 : 2~3%가 적당하다.

  ㉢ 양념 : 김치의 숙성은 첨가하는 부재료에 따라 크게 영향을 받는다.

    • 마늘, 고추, 멸치젓은 발효를 촉진

    • 생강은 발효 억제

    • 마늘은 이산화탄소와 에탄올을 생성하면서 젖산발효를 비교적 낮은 수준으로 오래 지속시켜주어 김치의 가식기간을 늘려 줌

    • 젓갈은 단백질, 아미노산 등 미생물 생장에 필요한 질소원을 함유하여 김치의 숙성을 촉진

    • 새우젓은 멸치젓보다 숙성을 약간 더 촉진

2 덱스트린 형성

① 김치를 담글 때 설탕을 넣고 버무리면 국물이 걸죽해지는 것
② 김치의 맛과 영양을 저하
③ 김치를 담글 때 설탕의 양이 많을수록, 오래 버무릴수록 많이 형성

3 김치의 산패 및 연부현상

김치는 여러 가지 미생물에 의해 계속해서 성분 변화가 일어나기 때문에 숙성 적기를 지나면 점차 산도가 올라가고, 표면에 피막이 형성되며, 산패 및 연부현상이 나타난다. 특히 저장 온도가 높으면 숙성 적기의 기간이 짧아진다. 김치의 산패현상은 젖산균이 생산하는 유기산의 함량이 많아져 식품으로 섭취하기 곤란한 상태가 되는 것을 말한다. 산패를 억제하기 위해서는 세균의 발육을 조절해야 한다.

① 김치의 질감이 연화되는 것은 펙틴질이 분해되기 때문이다.
② 폴리갈락투로나제(polygalacturonase) : 김치의 연화촉진 효소
③ 김치가 물러지는 것
④ 연부현상을 방지하려면
   ㉮ 김치를 항아리(용기)에 담을 때 공기가 들어가지 않도록 한다.
   ㉯ 김치를 담을 때 꼭꼭 눌러 담는다.
   ㉰ 김치가 공기에 노출되지 않도록 국물을 충분히 부어야 한다.

※ **김치의 특징**

▶ 식욕증진 : 발효숙성 중에 미생물의 작용으로 생성된 유기산, 알코올, 에스테르 등에 의하여 특유의 풍미가 생성되며 이에 의해 식욕이 증진되고 소화액의 분비가 촉진된다.

▶ 섬유소의 공급원 : 김치의 재료들은 섬유소를 다량 함유하고 있어 장의 운동을 자극하여 변통효과가 좋다.

김치의 주요 젖산균	
초기	Leuconostoc mesenteroides
중기	Lactobacillus plantarum, Latobacillus brevis

▶ 소화작용 촉진 : 김치에는 아밀라제, 리파아제, 프로타아제 등의 효소가 함유되어 있어서 이들에 의해 소화가 촉진된다.

▶ 비타민과 무기질의 급원 : 김치는 비타민 A, B_1, C의 급원으로 중요하며 특히 겨울철에 채소가 부족한 지역에서는 중요한 비타민 급원이 된다. 또한 각종 젓갈류는 채소 중의 무기질뿐만 아니라 젓갈에 의해서도 많은 무기질을 섭취할 수 있다.

연·습·문·제

01 채소의 가식부를 구성하는 세포는 무엇인가?

① 유도세포

② 유세포

③ 지지세포

④ 보호세포

02 다음 중 채소에 따른 향미 성분이 옳게 짝지어진 것은?

① 양파 – 디오프로판알 셀폭사이드

② 무 – 머스터드 오일

③ 마늘 – 이소시아네이트

④ 배추 – 4-메틸티오-3부테닐-이소티오시아네이트

03 다음 중 채소의 단면이 물에 용출되어 손실이 오는 성분이 아닌 것은?

① 타닌

② 당

③ 비타민 C

④ 카로티노이드

04 백색 채소의 조리 시 나타나는 현상으로 잘못된 것은?

① 안토잔틴 색소만 함유한 채소는 갈변을 일으키지 않는다.

② 안토잔틴 색소를 함유한 채소는 산을 넣으면 색이 더욱 하얘진다.

③ 타닌을 함유한 채소는 산소와 효소의 반응으로 갈변이 일어난다.

④ 타닌을 함유하더라도 안토진틴이 있으면 갈변이 일어나지 않는다.

05 과일의 펙틴질 중 젤 형성에 관여하는 것은?

① 프로토펙틴과 펙틴

② 프로토펙틴과 펙트산

③ 펙틴과 펙트산

④ 펙틴과 펙티네이스

06 펙틴 젤 형성을 위해 필요한 요소에 대한 설명으로 옳지 않은 것은?

① 펙틴 젤 형성을 위해 산과 당이 있어야 한다.

② 산은 수소 이온을 공급하여 교질상의 펙틴을 중화시켜 침전시킨다.

③ 설탕은 펙틴 표면의 수분을 탈수시켜 펙틴 분자들이 서로 분리되게 한다.

④ 설탕은 펙틴 분자 간에 다리를 놓아 펙틴이 망상구조를 형성하도록 한다.

07 과일을 시럽에 넣고 조리하여 연하고 투명하게 만든 것은?

① 마멀레이드
② 프리저브
③ 콘서브
④ 과일버터

08 김치의 연부현상에 대한 설명으로 옳은 것은?

① 김치의 산도가 낮아져 미생물에 의한 지속적인 성분 변화가 원인이다.
② 김치를 꼭꼭 눌러 보관하면 연부현상이 발생하지 않는다.
③ 김치에 국물이 너무 많으면 미생물의 생육이 증가되므로 좋지 않다.
④ 폴리갈락투로네이스에 의해 배추나 무의 펙틴질이 형성되기 때문이다.

09 김치 담그기 중 절임에 대한 설명으로 옳지 않은 것은?

① 채소의 온도가 높으면 소금이 임투되는 속도가 빠르다.
② 유해 미생물의 생육을 방지하기 위해 소금물의 농도가 높은 것이 좋다.
③ 배추 절임의 시간이 길면 맛 성분의 손실이 크다.
④ 배추를 절이는 농도와 시간은 여름보다 겨울이 더 크다.

✓ **정답** 01 ② 02 ① 03 ④ 04 ③ 05 ① 06 ③ 07 ② 08 ② 09 ②

해조류 및 버섯류

CHAPTER

12

해조류 및 버섯류

대부분의 해조류는 물속에서 모래나 바위에 부착하여 뿌리를 내리고 클로로필을 함유하고 있어 광합성을 하며 성장, 번식하는 하등식물이다.

해조류에는 잎 모양을 한 것이 많이 있으나 뿌리, 줄기, 잎의 구분이 분명하지는 않다. 그러나 대개 뿌리와 잎의 중간에 줄기가 있는데, 이 줄기는 파도에 잘 적응할 수 있도록 유연성과 탄력성을 가지고 있고, 때로는 길게 자라서 잎이 광선을 받기에 적절한 위치에 놓이게 된다.

해조류에는 녹색의 클로로필, 황색의 카로티노이드, 적색의 피코빌린 (phycobline) 색소 등이 함유되어 있는데, 이 색소들의 배합에 따라 색이 달라지므로 흔히 식용 해조류를 갈조류, 홍조류, 녹조류 등으로 분류한다. 일반적으로 녹조류는 비교적 얕은 바다에서 생육하고 갈조류, 홍조류의 순으로 더 깊은 바다에 분포한다.

1 해조류

1) 해조류의 성분

① 해조류는 탄수화물을 25~60% 함유하고 있으며, 그 대부분이 식이
   섬유이다.

   녹조류는 포도당, 갈조류는 알긴산, fucin, fucoidin, 홍조류는 갈
   락탄을 많이 함유하고 있다.

   mannitol, sorbitol 등의 당알코올도 있어 약간의 단맛이 있다.

② 해조류는 단백질이 15~60% 정도 있으며 필수 아미노산을 많이 함
   유하고 있다.

   김에는 glycine, alanine이 많아 구수한 맛을 내고, 다시마에는 글
   루탐산이 많아 감칠맛을 낸다.

③ 해조류에는 2% 미만의 적은 양의 지방이 함유되어 있다.

④ 해조류에는 비타민 A가 많고, 비타민 B군과 C, niacin, 판토텐산도
   함유되어 있다. 요오드, 칼륨, 칼슘, 구리, 아연 등의 무기질이 풍
   부한 알칼리성 식품이다.

⑤ 해조류는 함황화합물인 dimethylsulfide에 의해 냄새가 나며 trime-
   thylamine에 의한 비린내도 난다.

2) 해조류의 종류

(1) 녹조류

녹조류는 해수면의 가장 가까운 곳에 서식하는 조류로서 클로로필을 함유하고 있어 광합성을 한다. 클로로필 a, 카로티노이드 등에 의하여 초록색을 나타낸다.

- 파래, 청각, 매생이, 클로렐라
- chlorella : 담수 녹조류의 일종이 단세포 생물로 광합성 작용이 활발하고 증식속도가 매우 빠르다. 일반채소보다 10배 많은 엽록소와 필수아미노산이 풍부한 미래 단백질원이다.

(2) 갈조류

갈조류는 클로로필, 카로티노이드, fucoxanthin 등의 색소가 함유되어 있다.

아미노산인 lysine의 유도체인 laminine이 혈압을 낮추고 건조된 표면의 흰가루 성분인 만니톨이 있어 단맛을 나타낸다. alginic acid는 변비 예방효과가 있다.

- 미역, 다시마, 톳, 모자반

(3) 홍조류

홍조류의 붉은 색은 적색의 피코에리트린(phycoerythrin)이 주가 되나, 그 외에 클로로필, 잔토필, 청색의 피코사이아닌(phycocyan) 등도 함유되어 있다. 또한 β-카로틴, 루테인(lutein) 등의 색소도 함유되어 있으며 따뜻한 물에서 잘 자라므로 남해안에서 많이 생산된다.

- 김과 우뭇가사리

3) 해조류의 특징 및 조리원리

① blanching 과정에서 수용성 성분의 손실을 가져오므로 되도록이면 끓는 물에서 단시간 내에 데친다.
② 끓이는 조리수에서 수용성 성분의 유출이 크므로 먹을 만큼의 조리수만 계량하여 조리하고 국물을 모두 섭취한다.
③ 김을 구울 때는 되도록 여러 장 겹쳐서 굽는 방법이 비타민 A의 손실을 감소시킨다.

4) 주요 해조류

(1) 미역

미역을 가공할 때에는 데치는 과정(blanching)을 거치는데, 대개는 85℃ 정도의 4~5% 소금물로 30~60초 데쳐 낸다. 이때 미역의 수용성 성분이 손실될 수 있으므로 단시간 내에 처리하는 것이 좋다. 데치기 과정을 거치면 특히 만니톨과 가용성 무기질이 현저히 감소되지만 데쳐서 건조시킨 미역은 생미역을 그대로 건조시킨 것에 비하여 클로로필과 카로티노이드의 유지효과가 크다.

① 미역에는 카로티노이드 색소인 푸토잔틴이 다량 함유한다.
② 미역은 탄수화물이 48%로 함량은 높으나 에너지의 급원으로 이용

될 수 있는 것은 아니다.

③ alginic acid, mannitol, 푸코이딘, 헤미셀룰로스 등 다당류를 함유한다.

④ 이들 다당류는 수용성 식이섬유로서 정장작용을 하고 비만을 방지하고 혈중 콜레스테롤 및 혈당을 저하시키는 생리적 효능이 있다.

⑤ 미역은 단백질 함량이 10% 정도로 비교적 높은 편이며, 다른 식물성 단백질과 달리 필수아미노산을 골고루 함유한다.

⑥ 좋은 미역은 색이 검고, 손으로 만졌을 때 부드러우며 줄기가 적다.

⑦ 미역의 미끈미끈한 성분 : alginic acid

(2) 다시마

다시마는 본래 북아메리카 연안과 우리나라 동해안에서 많이 생산되었다. 하지만 최근에는 인공양식법이 발달하여 남해안에서도 생산된다. 다시마는 뿌리에서부터 줄기가 끝까지 나 있으며, 줄기의 가장자리에 잎이 밋밋하게 붙어 있다. 다시마의 크기는 짧은 것부터 8m 정도에 달하는 긴 것까지 다양하다.

① 다시마는 갈조류에 속한다.

② 표면의 흰 분말은 mannitol로 단맛을 내고 구수한 맛을 내는 MSG가 함유되어 있다.

③ 다시마에 함유된 라미닌이라는 아미노산은 혈압을 내리는 효과가 있다.

　- 찬물에 10분 정도 담가둔 후 처음부터 다시마를 넣고 끓이다가 끓기 시작하면 건져낸다.

(3) 김

김은 홍조류에 속하며 뿌리, 줄기, 잎의 구별이 전혀 없는 잎만으로 되어 있다. 그 모양은 여러 가지이지만 크기는 길이 14~25cm, 너비 5~12cm이고 홍자색 내지 흑자색이다.

김은 약 40%의 탄수화물을 함유하고 있는데 그중 한천이 주성분이고, 그 외에 만난 같은 다당류와 카라기난(carrageenan) 같은 고무질 등이 있다. 한천은 한천산(galactan)과 황산이 결합된 에스터이고, 만난은 많은 만노오스만으로 이루어진 다당류이다.

① 홍조류 : 홍색인 피코에리트린, 청색의 피코시안 함유
- 김을 구우면 청색으로 변하는 것 : 피코시안(phycocyan)
- 김을 오래 저장하면 붉게 변하는 것 : 피코에리트린(phycoerythrin)
② 소르비톨, 둘시톨 같은 당알코올이 함유되어 있어 김에 단맛을 준다.
③ 김에는 지방은 거의 없으며, 단백질 함량은 30~40%이다.
④ 비타민 A의 좋은 공급원이 되며, 리보플라빈, 나이아신, 비타민 C 등도 비교적 많이 함유하고 있다.
⑤ 김은 불에 구우면 청록색으로 변하는 것이 상품이다.
   김을 160℃의 온도에서 구우면 세포 내에 저장되어 있던 감칠맛 성분과 가열에 의해 생성된 향기성분이 주위에서 수분을 흡수하는 즉시 용출되기 쉽게 때문에 김을 입에 넣었을 때 독특한 맛과 향기를 느끼게 된다.
⑥ 물에 젖거나 햇빛에 노출되면 색소가 변성되어 구워도 고운 녹색으로 바뀌지 않고 향기도 소실된다.
⑦ 김의 향긋한 냄새 : dimethyl sulfide

- 김 : 저장 중 붉은 색으로 변하는 것은 습기에 의해 엽록소가 분해되기 때문이다.
- 미역 : 데칠 때 녹색으로 변하는 것은 카로티노이드 색소에 둘러싸인 엽록소가 녹아나오기 때문이다.
- alginic acid(알긴산) : 갈조류인 미역이나 다시마로부터 추출한 다당류로 주성분은 D-mannuronic acid이다. 증점제나 안정제로 아이스크림 속에 큰 결정이 생기는 것을 방지하고 디저트 푸딩, 겔 제조에 이용한다. 사람에게는 분해효소가 없어 소화되기 어려우며 몸에 해로운 중금속을 몸 밖으로 배설시키는 기능을 한다.
- carrageenan(카라기난) : 홍조류로부터 추출한 다당류로 갈락토오스가 주성분이다. 칼륨이나 알칼리 처리로 겔을 형성하며 보수성이 높아 아이스크림이나 푸딩에 첨가한다.

2 버섯류

버섯은 엽록체가 없어 독립 영양을 할 수 없으므로 나무에 기생하는 균류로 영양기관인 균사체와 번식기관인 자실체로 되어 있다.

- 송이버섯, 양송이버섯, 표고버섯, 느타리버섯, 목이버섯, 팽이버섯, 석이버섯, 새송이버섯 등을 주로 식용한다.
  ▶ 갓이 많이 퍼지지 않고 싱싱하고 두꺼운 것이 좋다.
  ▶ 버섯은 썰어 놓으면 빨리 변색되므로 생것으로 사용할 때는 사용

하기 직전에 썰어서 레몬즙이나 식초를 넣은 물에 묻혀 변색을 방지하는 것이 좋다.

▶ 독버섯에는 muscarin, neurine 등의 위장독 성분이 있다.

1) 버섯류의 성분

(1) 수분 : 90% 이상

(2) 영양성분

만니톨, 포도당, 트레할로스 등의 단맛, 덱스트린과 소량의 글리코겐, 섬유소는 2~4%, 지질은 0.2%, 단백질 약 2~3% 함유, 비타민 D_2의 전구체인 에르고스테롤, 무기질은 칼륨과 인을 포함하며 전분은 없다.

(3) 향

송이버섯의 마츠타케올(matsutakeol, methyl cinnamate), 표고버섯의 렌티오닌(lentionine) 등

(4) 감칠맛

핵산(5-GMP, 구아닐산), 유리아미노산, 당류, 알코올류, 유기산 등

(5) 기능성분

① 렌티난(lentinan) : 베타글루칸의 일종으로 표고버섯에 함유, 면역

기능을 강화하는 의약품, 에이즈 증식바이러스 억제

② 에리타데닌(eritadenine) : 혈중 콜리스테롤 농도를 조절

③ 리보핵산 : 인플루엔자 바이러스 증식 억제, 표고버섯에 함유

2) 주요 버섯

(1) 송이버섯

살아 있는 소나무에 기생하는 버섯으로 추석을 전후하여 생산되는 고급품이다.

글루탐산, 아스파르트산, 구아닐산이 있어 감칠맛이 나며, methyl cinnamate에 의해 좋은 향을 갖는다. 고유의 향을 유지하기 위해서는 양념을 하지 않는 것이 좋다.

(2) 양송이버섯

통조림으로 많이 사용되며 수프, 피자, 구이 등에 사용된다.
자라면 산화효소에 의하여 갈변되어 식감이 떨어진다.

(3) 표고버섯

표고버섯은 비타민 D 전구체인 에르고스테롤을 많이 함유하고 있어 영양이 풍부하다.

구아닐산은 표고의 감칠맛과 고기와 비슷한 맛을 내고, lentionine은 독특한 향을 생성한다.

연·습·문·제

01 갈조류가 아닌 것은?

① 미역   ② 다시마

③ 모자반   ④ 톳

02 미역에 대한 설명으로 옳지 않은 것은?

① 푸코잔틴이 다량 함유되어 있다.

② 탄수화물 함량이 높으나 에너지원으로 이용될 수 없다.

③ 미역 특유의 냄새는 테르펜계 물질 때문이다.

④ 미역을 데치면 만니톨, 가용성 무기질, 클로로필, 카로티노이드가 감소한다.

03 홍조류와 관계 없는 것은?

① 알긴산   ② 우뭇가사리

③ 김   ④ 한천

✔ **정답**   01 ③   02 ④   03 ①

CHAPTER 13

젤라틴과 한천

CHAPTER 13

젤라틴과 한천

1 젤라틴

(1) 젤라틴

- 동물의 가죽, 껍질 등의 단백질, 콜라겐으로부터 얻는다.
- glycin, proline, alanine 등으로 구성된다.
- 과일젤리 무스, 족편 등에 사용된다.

(2) 젤라틴의 응고

① 온도

- 일반적으로 3~15℃에서 응고한다.
- 온도가 낮을수록 빨리 응고하므로 냉장고나 얼음물을 사용하면 빨리 진행한다.

② 농도

- 농도는 응고 속도 및 응고물의 경도와 밀접한 관계가 있으며

농도가 높을수록 빨리 응고된다.

- gelatin의 농도가 높아지면 응고 온도는 상승하고 젤리의 용해 온도도 상승한다.

- 젤라틴의 농도는 2~10%인데 기온이 높은 여름철은 낮은 때에 비하여 2배 정도 농도를 높여 주어야 한다. 그 이유는 온도가 높으면 일단 응고되었던 것이 다시 융해되기 쉽기 때문이다.

③ 시간

농도 및 온도에 따라 응고 시간이 다르며, 일반적으로 온도가 낮을수록 빨리 응고한다.

④ 산의 영향

- 과일즙, 토마토주스, 레몬주스, 식초 등을 첨가하면 젤라틴의 응고를 방해한다.

- 산을 약간 사용할 경우에는 응고물이 부드러워지나 지나치게 사용하면 응고를 방해하고 심하면 응고되지 않는다.

- 산을 첨가하려면 나중에 넣는다. 처음부터 산을 넣으면 단백질을 분해시켜 gel형성을 방해한다.

⑤ 염류의 영향

- NaCl은 물의 흡수를 막아 gel의 견고도를 높인다.
- 연수에 비해 경수가 빨리 응고하며, 단단한 응고물을 형성한다.
- 우유 중의 염류가 응고를 촉진시킨다.

⑥ 설탕의 영향

설탕은 물을 흡수하여 gel형성을 방해하나 적당히 넣으면 부드럽다.

⑦ 효소의 영향

- 생과일 중의 단백질 분해효소가 gel 형성을 방해한다.
- 생과일을 jelly화 할 때는 2분 정도 가열하여 불활성화시킨 후 넣어주거나 통조림 제품을 이용한다.

2 한천

(1) 한천

- 우뭇가리와 같은 홍조류에서 세포 간 물질을 용출하여 얻는다.
- galactan, agarose, agaropectin으로 된 다당류이다.
- 팥양갱, 과일젤리, 양장피, 미생물 배지 등의 원료로 이용된다.

(2) 한천의 응고에 영향을 미치는 인자

- 농도가 높을수록 gel 강도 증가
- 설탕 첨가 시 점성·탄성·투명도 증가, 설탕농도가 높을수록 gel 강도 증가
- 과즙 사용 시 유기산에 의해 가수분해 일어나 gel 약화시킴
- 우유 첨가 시 gel 형성 저하

- 한천용액을 응고시키는 온도차가 높을수록 gel이 단단하고 투명하게 된다.

(3) 이장현상(syneresis)

- 한천농도가 높고 가열시간이 길면 gel 강도가 커져 이장현상이 적다.
- 한천을 충분히 가열 농축시켜야만 gel 강도가 커지고 설탕 첨가량이 많으면 이장현상이 적다.
- 이장현상 방지 : 한천 농도를 1% 이상으로 높이고, 가열시간을 길게 하며 설탕을 60% 이상 첨가하고 저온에 gel을 방치한다.

[젤라틴과 한천의 특징]

구분	젤라틴	한천
원료	동물의 가죽, 껍질 등 콜라겐(동물성)	홍조류인 우뭇가사리(식물성)
성분	단백질	당질
응고 농도	1.5~4%	0.5~3.0%
응고 온도	3~10℃	28~35℃
용해 온도	40~60℃	80~100℃
융해 온도	25℃	68~84℃
젤리의 성질	투명도가 높고 부착성 있음	투명감이 낮고 부착성 없음
용해방법	팽윤시킨 후 뜨거운 물을 넣음	팽윤시킨 후 가열하여 끓임
응고방법	냉장고나 얼음물에서 응고	실온이나 물에서 냉각
사용농도	3~4%	0.8~1.5%
사용 예	과일젤리, 무스, 족편, 전약, 아이스크림, 마시멜로	양갱, 과일젤리, 케이크 장식 고정용, 알약 코팅, 연고제의 원료, 아이스크림, 셔벗, 화장품, 미생물 배지용

연·습·문·제

01 한천에 대한 설명 중 맞는 것은?

① 한천용액을 냉각시키면 점도가 감소한다.
② 한천의 농도가 높을수록 용해온도가 낮아진다.
③ 한천의 응고력은 gelatin의 약 10배이다.
④ 한천의 온도에 의한 sol과 gel의 관계는 비가역적이다.

02 파인애플 과육이 함유된 젤리를 만들려고 할 때 옳은 것은?

① 설탕과 젤라틴 양을 늘려야 한다.
② 설탕량을 늘려야 한다.
③ 소금과 설탕량을 늘려야 한다.
④ 젤라틴 양을 늘려야 한다.

03 Gelatin gel에 대한 설명 중 옳지 않는 것은?

① Gelatin의 주요성분은 collagen이다.
② 용해된 gelatin은 온도가 낮을수록 빨리 응고한다.
③ 용해된 gelatin은 농도가 높을수록 빨리 응고한다.
④ 설탕을 많이 첨가해도 gel의 강도에 영향을 미치지 않는다.

04 한천에 대한 설명으로 옳은 것은?

① 한천은 녹조류에서 추출되는 다당류이다.

② 젤 형성능이 강하여 저농도에서도 보수성이 높은 젤을 형성할 수 있다.

③ 한천에 산을 첨가하면 젤화 능력을 증가시킨다.

④ 천연 한천은 순도와 점성이 강하며, 공업한천은 순도는 강하나 점성이 약하다.

✅ 정답 01 ③ 02 ④ 03 ④ 04 ②

조미료 및 향신료

CHAPTER 14 조미료 및 향신료

1 조미료

1) 조미료의 사용 목적 및 순서

(1) 조미료는 식품에 단맛, 신맛, 짠맛, 감칠맛, 매운맛 등을 더하거나 원래의 맛을 두드러지게 하고, 식품의 맛과 어울려 새로운 맛을 내게 하는 목적으로 사용된다.

- 조미료는 보통 단독으로 쓰이는 것보다 다른 식품에 첨가하는 부재료로서 많이 사용한다.

(2) 조미료의 사용 순서

일반적으로 설탕과 소금, 식초와 간장은 각각 동시에 조리할 때 넣은 경우가 많다.

설탕과 소금은 맛을 가지고 있으나 향은 없으므로 맛 중심으로 쓰이고, 발효 조미료인 간장과 식초는 향을 가지고 있으므로 나중에 사용한다.

- 같은 조미료라도 요리에 따라 조미료를 넣는 순서가 달라질 수도 있다.

  예 우엉, 연근 등을 조리할 때에는 갈변을 방지하기 위해 먼저 식초를 사용한다.

(3) 요리의 온도와 맛

요리는 따뜻한 것이 식거나 차가운 것이 미지근해지면 맛이 나빠지는데 이는 온도에 따라 맛을 다르게 느끼기 때문이다.

① 짠맛

온도가 높아질수록 느낌이 둔해진다. 이와 반대로 온도가 낮아질수록 짠맛을 예민하게 느끼게 된다.

예 더운 국과 냉국의 소금 농도가 같은 경우인데도 냉국을 마실 때에는 소금의 맛을 강하게 느낀다. 식은 된장국에서 소금 맛을 예민하게 느낀다.

② 단맛

체온 정도의 온도에서 단맛을 가장 강하게 느끼며 그 이하로 내려가면 단맛에 대한 감각이 약해진다. 한편 체온보다 온도가 상승함에 따라 단맛을 약하게 느끼게 되나 낮은 온도보다 약하지 않다.

예 차가운 커피나 홍차는 뜨거울 때보다 많은 설탕을 넣지 않으면 단맛이 부족한 느낌이 든다.

③ 신맛

온도에 관계없이 느낌이 똑같다. 신맛은 차게 한 편이 요리의 맛
이 좋다.

④ 쓴맛

체온보다 온도가 높아질수록 쓴맛의 느낌은 약해진다.
커피가 식으면 쓴맛을 더 예민하게 느끼게 되는 이유도 이에 해당
한다.

[맛의 상호작용]

분류		현상	맛
대비 효과	동시 대비	2종류의 맛을 동시에 주었을 때 하나의 맛성분이 다른 맛성분을 증가시키는 것	단맛＋짠맛 신맛＋쓴맛 감칠맛＋짠맛
	계속 대비	2종류의 맛을 계속적으로 줄 경우 뒤에 주어진 맛이 더욱 강하게 느껴지는 것	단맛→짠맛 단맛→신맛 쓴맛→단맛
상승효과		2종류의 맛을 동시에 주었을 때 맛이 증가하는 것	감칠맛 : MGS＋IMP 단맛 : 서당＋사카린
억제효과		2종류의 맛을 동시에 주었을 경우 하나의 맛이 다른 맛을 억제하는 효과	쓴맛＋단맛 짠맛＋신맛 신맛＋짠맛, 단맛 짠맛＋감칠맛
변조효과		2종류의 맛을 계속적으로 주었을 경우 뒤에 주어진 맛이 변하는 경우	짠맛＋무미 쓴맛＋신맛
순응효과		어떠한 맛을 장시간 주게 되면 감각이 감퇴하여 맛의 감도가 둔해지는 현상	

(4) 조미료의 종류

① 소금

소금은 정제 정도에 따라 호렴(굵은 소금, 천일염), 재제염(고운 소금, 꽃소금), 정제염(식탁염)으로 분류한다.

[짠맛을 내는 것 외의 소금의 역할]

방부작용	미생물의 발육억제	각종 염장식품
단백질에 작용	열응고성을 촉진 점착성을 증진 밀가루 반죽의 탄력성 증진	달걀, 육류 및 생선요리 연제품, 햄버그스테이크 빵, 면류
조직에 작용	탈수	침채류
효소에 작용	산화 효소 억제 ascorbinase 억제	야채, 과일의 갈변 방지 과즙의 비타민 C 보유
기타	녹색의 보존 빙점강하	녹색 채소 데치기 어류, 감자 등의 세정 가정용 아이스크림의 냉각

▶ 맛의 대비 - 단팥죽을 만들 때 설탕과 함께 소금을 조금 넣어주면 단맛이 더 강해짐

▶ 조리에 사용되는 소금 농도
(국은 약 0.6~1%, 생선요리 약 2%, 초무침 1.2~2.0%, 연한 조림 1.5~10%, 진한 조림 5~10%)

② 간장

음식의 간을 맞추는 조미료로 약 18~20%의 염도를 나타내며, 감칠맛과 함께 간장 특유의 색을 부여한다. 간장은 메주를 소금물에 담가 숙성시키는 동안 당화작용, 알코올 발효, 단백질 분해 작용

등에 여러 가지 맛과 향이 생겨 독특한 감칠맛이 난다.

종류는 양조간장, 화학간장, 혼합간장 등으로 나뉜다.

③ 된장

된장은 단백질의 구수한 맛으로 10~15% 염도에 비해 덜 짜게 느껴진다.

된장은 생선조림을 할 때나 제육볶음을 만들 때 처음부터 넣으면 냄새를 흡착하여 비린내를 줄이고, 산미와 쓰고 떫은맛을 약화시키는 완충작용도 한다.

우리나라의 식생활에서 주요 단백질 급원 겸 조미료로서 이용범위가 넓다.

④ 고추장

고추장은 두류 또는 곡류 등을 제국(製麴)한 후 덧밥 등과 함께 발효, 숙성시킨 것에 고운 고춧가루, 식염 등을 혼합한 장이다. 매운맛을 내고 콜로이드성이 흡착력에 의한 비린내 등의 냄새 제거 효과가 있다.

⑤ 설탕

깔끔한 단맛을 내는 설탕은 색에 따라 백설탕, 황설탕, 흑설탕으로 구분된다.

설탕은 신맛, 쓴맛, 짠맛을 부드럽게 하므로 요리에 많이 사용되며, 단맛을 내는 것 이외에도 육류의 연화 및 식품의 부패 방지에 사용된다.

[단맛을 내는 것 외의 설탕의 역할]

분 류	역 할	조리·가공의 예
물성의 개선	• 수분을 흡수하여 건조 방지 • 여러 가지 결정 및 부드러운 크림상 형성 • gel 강화 • 점성	케이크, 화과자 얼음설탕, 폰당 등 캔디류, 커스 터드 한천 시럽
방부작용	• 미생물의 발육억제	당절임, 잼, 가당연유, 양갱
단백질에 작용	• 난백의 거품 안정화 • 부드러운 응고물 형성 • 좋은 색과 향 형성	머랭 푸딩 스펀지 케이크, 카스텔라, 도넛
탄수화물에 작용	• 전분의 노화 방지 • 펙틴과 결합하여 젤리 형성 • 밀가루 반죽의 발효 촉진	빵, 케이크, 카스텔라, 양갱 등 잼, 젤리, 마멀레이드 빵 등의 밀가루 반죽
기타작용	• 캐러멜 반응에 의한 색과 향	캐러멜 소스

⑥ 조청, 꿀

조청은 물엿이라고도 하며 전분을 맥아로 당화시키고, 농축하여
묽게 곤 것으로 독특한 향이 있으며 음식에 윤기를 준다.

촉촉한 감촉을 원하는 빵에 꿀을 사용하면 좋고, 이때 설탕을 사
용할 때보다 액체사용량을 줄여야 한다.

⑦ 식초

서양에서는 기원전 15세기부터 과일을 원료로 하여, 동양에서는
기원전 6세기부터 곡물을 원료로 하여 식초를 만들어 먹어 왔다. 우
리나라에서도 쌀과 누룩으로 식초를 만들어 먹었다는 기록이 있다.
식초에는 양조초와 합성초가 있다. 양조초는 초산균을 이용하여
알코올 또는 당을 발효시킨 것이다. 합성초는 빙초산에 물을 가해

엷게 한 후 여러 가지 식품첨가물을 첨가하여 인위적으로 만든 것으로서 자극성이 강하고, 산도가 높으며 감미가 없고 가열하면 휘발되기 쉽다.

현재 시판되고 있는 식초는 대부분 양조초로서 4~7%의 초산(acetic acid)을 주성분으로 하는 산 조미료이다. 그러나 식초를 만드는 원료에 따라 여러 가지 유시간, 당, 아미노산, 에스터, 알코올 등이 함유되어 있어 맛과 방향이 다르다.

식초는 음식에 시원하고 상쾌하며 산뜻한 신맛을 준다. 음식을 조미할 때 식초를 조금 넣기도 하는데, 이것은 신맛을 내기 위해서라기보다는 음식의 pH를 약간 저하시키기 위한 것이다. 일반적으로 음식의 pH가 7보다 약간 낮을 경우 맛이 있다고 느낀다. 그 외에도 식초는 방부작용을 하기도 하는데 초밥에 식초를 첨가하는 것, 마늘장아찌나 피클에 소금 또는 간장, 설탕과 함께 식초를 넣는 것은 바로 방부의 목적 때문이다.

- 상쾌하며 산뜻한 신맛 : 생채, 겨자채
- 살균과 방부작용 : 초밥에 식초 첨가, 마늘장아찌, 피클
- 단백질 열응고 촉진 : 생선살 단단하게, 수란, 달걀 삶을 때 식초를 넣고 삶으면 응고성이 좋음
- 색깔에 영향 : 녹색의 클로로필은 페오피틴으로 황변, 안토시아닌은 붉은색으로(적양배추, 생강), 안토크산틴은 선명한 백색(무, 양파)으로 변함
- 금속의 부착방지 : 생선구이 할 때 석쇠에 식초를 바르면 부착방지

• 생선의 비린내 제거 : 생선을 식초로 희석한 물에 씻음

⑧ 고추

붉게 익은 고추를 잘 건조시켜 갈아 만든 고춧가루는 capsaicin 성분이 음식에 매운맛을 주고 capsanthin이 붉은색을 부여한다.

⑨ 기름

참기름, 들기름, 식용유 등이 있다. 참기름을 가열 조리에 넣을 때는 마지막에 넣어야 향을 살릴 수 있다.

⑩ 화학조미료

일반적으로 조미료로 사용되는 MSG와 핵산조미료, 이 두 가지를 섞은 복합조미료 등이 있다.(맛의 상승작용)

• Mono Sodium Glutamate : Glutamic acid에 Na이 결합된 것 – 다시마의 맛
• 핵산조미료 : 5-IMP(구아노신일인산/가쓰오부시의 감칠맛), 5-GMP(이노신일인산/마른표고의 감칠맛)
• 복합조미료 : MSG에 핵산조미료를 1~2% 정도 첨가한 것

1960년대에 핵산계조미료가 산업화되었다고는 하지만 우리나라 시장에 선을 보이기 시작한 것은 최근이다. 그러나 흔히 핵산계 조미료라고 하여 시중에서 판매되고 있는 것은 핵산계조미료 단독인 경우는 없고 대부분 복합조미료의 형태로서 핵산계물질이 적게는 1~2%, 많게는 5~12% 정도가 함유된 MSG이다. MSG와 핵산계조미료를 혼합했을 때는 상승작

용에 의해 미량으로도 강한 정미력을 나타내는 동시에 MSG만으로는 낼 수 없는 독특한 감칠맛을 얻을 수 있기 때문에 복합조미료를 제조·판매한다. 복합조미료에는 과립형과 결정형의 두 가지가 있다.

- 과립형

MSG와 IMP, GMP를 고운 가루로 분쇄하여 균일하게 섞은 후 기계를 사용하여 작은 알갱이로 만들어 건조시켜 판매하는 것이다.

- 결정형

이것은 MSG 결정의 표면에 핵산계 조미료와 농축된 수용액을 분무하여 씌운 것이다.

* 5'-GMP(구아노신일인산/가쓰오부시의 감칠맛)가 5'-IMP(이노신일인산/마른표고의 감칠맛)에 비해 3배의 강도를 갖는다.

2 향신료

1) 향신료의 정의

향신료란 음식의 맛과 향 및 색을 내기 위해 사용하는 것으로 독특한 맛과 향이 있어 적은 양이 들어가도 빼놓을 수 없는 재료로 서양에서는 허브(herb)와 스파이스(spice)로 구분한다.

2) 향신료의 종류

향신료는 식물의 종자, 수피, 근경, 잎, 꽃봉오리 등을 건조시킨 것, 가루로 한 것, 또는 여러 가지 종류를 혼합한 것 등이 있다.

(1) 맛으로 분류한 향신료

① 신미료(辛味料)

지속성 신미료와 휘발성 신미료가 있다. 신미료는 요리에 매운맛을 주고 맛을 조정하며 식욕을 촉진하는 역할을 한다. 특히 불쾌한 냄새나 맛을 강한 자극으로 압도시켜서 요리를 맛있게 먹을 수 있게 한다. 이 향미의 자극은 소화효소의 분비를 촉진시켜 소화작용을 돕는다.

강한 매운맛을 지닌 지속성 신미료에는 고추, 후추, 산초, 파프리카, 생강 등이 있고, 휘발성 신미료는 겨자, 고추냉이, 무, 양파, 마늘, 부추 등이 있다.

② 향미료(香味料)

매운맛은 없으나 향을 가지고 있는 것으로 바닐라, 박하, 타임, 올스파이스, 정향, 월계수, 계피, 셀러리, 땅두릅, 유자, 파프리카, 미나리, 팔각, 고수 등이 있다.

③ 고미료(苦味料)

유자, 셀러리, 파슬리, 세이지, 오레가노, 고수 등은 쓴맛의 향신료로 이용한다.

(2) 원료의 부위로 분류한 향신료

- 종실향신료 : 후추, 올스파이스, 너트메그, 겨자, 고추, 파프리카, 페널, 셀러리의 종자
- 엽경 향신료 : 들깻잎, 산초, 박하, 파슬리, 고수, 타임, 오레가노, 마조람, 바질, 세이지, 당귀 등
- 꽃봉오리 향신료 : 정향, 케이퍼, 유자꽃 등
- 수피(樹皮) 향신료 : 커피
- 과피(果皮) 향신료 : 진피
- 착색 향신료 : 치자, 울금, 샤프란 등
- 혼합 향신료 : 오향, 카레가루, 칠미고춧가루, 칠리파우더

3) 한국 음식의 향신료

(1) 파

파는 대파, 실파, 쪽파 등이 있으며, 저분자량의 황화합물을 함유하고 있어 강한 매운맛을 낸다. 고기의 누린내나 생선의 비린내를 제거하고 나물이나 볶음 등 다양한 음식에 사용된다.

여러 가지 황화합물 중 다이프로필 디설파이드(dipropyl disulfide, CH3-CH2-CH2-S-S-CH2-CH2CH3)와 프로필 프로페닐 디설파이드(propyl propenyl disulfide, CH3-CH2-S-S-CH=CH-CH3)가 파의 맛 성분 중 가장 중요한 것으로 추정된다. 이들 황화합물은 조직을 파괴한 후 시간이 경과함에 따라 황화수소(H_2S)나 디메틸 설파이드(dimethyl sulfide, CH3-S-CH3)같은 불쾌한 냄새를 가진 물질로 분해된다. 그러므로 파

는 오래 끓이면 좋지 않다. 굵은 파의 푸른 부분은 자극성이 강하고 쓴 맛이 많으므로 다져서 쓰기에는 적당하지 않다.

(2) 마늘

마늘은 allicin이라는 물질의 강한 향과 자극적인 냄새 때문에 고기의 누린내와 생선의 비린내를 제거하며 대부분의 한국음식을 조리할 때는 필수적인 양념으로 쓰인다.

마늘은 독톡하고 강한 매운맛과 냄새를 가지고 있기 때문에 육류, 채소류, 침채류의 조미료로 귀중하게 사용된다. 마늘에는 마늘 냄새를 내는 물질의 전구체인 S-알릴-시스테인 설폭사이드(S-allyl-cysteine sulfoxide, alliin)가 함유되어 있는데, 마늘을 썰거나 다져서 조직을 파괴하면 효소에 의하여 매운맛과 냄새를 가진 물질인 디알릴 티오설피네이트(diallyl thiosulfinate, allicin)로 변한다. 알리신의 냄새는 불쾌하지 않은데, 시간이 경과하면 불쾌한 냄새를 가진 물질인 디알릴 디설파이드(diallyl disulfide)로 변한다.

알리신을 20℃로 20시간 가열하면 66%의 디알릴 디설파이드, 14%의 디알릴 설파이드(diallyl sulfide) 그리고 9%의 디알릴 트리설파이드(diallyl trisulfide)로 완전히 분해된다. 이 분해물질들은 강한 매운맛과 냄새를 가지고 있기 때문에 마늘 냄새와 맛을 살리기 위해서는 음식을 만드는 마지막 단계에서 마늘을 넣어야 한다.

(3) 생강

생강의 매운맛은 진저론(gingerone), 쇼가올(shogaol), 진저롤(gingerol)
이다.

돼지고기의 누린내와 생선의 비린내를 없애는 데 사용되며, 재료가
어느 정도 익어 단백질이 응고한 후인 가열 후반에 넣는 것이 좋다. 이
물질들은 공기 중에 노출되거나 가열되어도 분해되지 않는다. 생선이나
고기를 조리할 때 생강을 첨가하여 생선이나 고기 중의 단백질이 생강
의 탈취력을 약하게 하므로 일단 음식을 가열하여 단백질이 변성된 후
에 생강을 넣는 것이 바람직하다.

(4) 후춧가루

후추는 더운 기후에서 자라는 덩굴성 다년생 식물로 붉게 익은 열매
를 따서 말린 것이다. 독특한 매운맛이 있어 고기의 누린내나 생선의
비린내를 없애는 데 사용하며, 식욕을 돋우어 준다.

흔히 쓰이는 검은 후춧가루(black pepper)는 후추 열매가 덜 여물었
을 때 따서 건조시켜 가루로 만든 것으로, 색이 검고 매운맛이 강하며
육류 요리에 적당하다. 흰후춧가루(white pepper)는 잘 여문 열매를 물
에 담갔다가 문질러서 껍질을 벗긴 후 말려 가루로 만든 것으로, 매운맛
은 약하지만 맛이 부드럽다. 가루로 된 후추보다는 통후추를 사서 필요
할 때 갈아서 사용하면 매운맛과 냄새가 더좋다. 후추의 매운맛 성분은
차비신(chavicine)이다.

(5) 깨소금

참깨를 통통하게 볶아 고소한 맛이 나면 절구에 빻아 뜨거울 때 소금을 조금 넣은 것이다.

(6) 겨자와 고추냉이

겨자는 종자가 황색 구형(球形)인 백겨자와 적갈색 구형인 흑겨자가 있는데, 우리나라에서 재배되는 것은 흑겨자이다. 이 겨자 종자를 분말로 만들어 겨잣가루로 만든다.

흑겨잣가루에 물을 넣고 힘차게 저으면 매운맛 성분의 전구체인 시니그린(sinigrin)에 효소인 미로시네이스(myrosinase)가 접촉하여 혀와 코는 찌르는 매운맛을 가진 알릴 이소티오시아네이트(ally isothiocyanate), 일명 머스터드 오일(mustard oil)로 변한다. 미로시네이스의 최적 온도는 40℃ 전후이므로 따뜻한 물로 겨자를 개어야만 강한 매운맛을 낸다. 알릴 이소티오시아네이트는 휘발성이므로 겨자를 갠 후 시간이 경과하면 매운맛이 약화된다.

고추냉이(와사비)는 고추냉이 뿌리를 가루로 만든 것으로, 그 맛과 향기가 겨자와 아주 비슷한 톡 쏘는 매운맛을 낸다. 과거에는 일본 재래종을 사용하였으나 요즘에는 흔히 서양 고추냉이(hose radish) 뿌리를 와사비가루로 만들어 사용한다. 와사비의 매운맛 성분도 겨자와 같은 알릴 이소티오시아네이트인데, 매운맛의 지속성은 겨자보다 강하다. 흔히 생선회, 초밥을 조리할 때 맵고 톡 쏘는 특이한 맛을 내기 위하여 사용한다.

(7) 산초

산초는 어린 열매와 잎은 그대로, 익은 열매를 말려서 가루로 이용하는데, 부드럽고 싱싱한 어린 싹이 양질이며 향이 좋다. 익으면 열매를 말려서 가루로 만들어 비린내나 기름기를 없애는 데 사용한다. 향신성분은 디펜텐(dipentene), 제라니올(geraniol), 시트로넬랄(citronellal), 산쇼올(sanshool) 등으로, 생선의 비린내를 없애주고 음식의 맛을 깔끔하게 해준다. 산초는 중국 요리에 가장 많이 사용되는 오향 중 하나이다.

(8) 계피

계수나무의 껍질을 말린 것으로 통계피는 계피차, 수정과 등에 사용되고, 계핏가루는 경단 등의 떡 고물, 약식, 약과, 카푸치노 커피 등에 사용된다.

주로 향신 성분은 신남 알데하이드(cinnamic aldehyde), 벤즈 알데하이드(benz aldehyde) 등으로서 약간의 자극성 있는 달콤한 맛, 상쾌하며 매운맛과 향을 낸다. 뜨거운 음료, 피클, 과일 절임, 푸딩, 케이크 등에 이용된다.

연·습·문·제

01 설탕의 역할로 옳지 않은 것은?

① 육류의 연화작용
② 미생물 발육 억제
③ 밀가루 반죽의 글루텐 형성 촉진
④ 난백의 거품 안정화

02 다음 중 식초의 역할이 아닌 것은?

① 음식에 시원하고 상쾌한 맛을 준다.
② 음식에 방부작용을 한다.
③ 생선 조릴 때 식초를 넣으면 생선살이 단단해진다.
④ 수란 만들 때 난백을 흐트러지지 않게 한다.

03 가쓰오부시나 멸치의 구수한 맛 성분은?

① MSG　　　　　② TAMO
③ GMP　　　　　④ IMP

04 후추의 매운맛 성분은?

① 알리신　　　　② 차비신
③ 시니그린　　　④ 진저론

✓ 정답　01 ③　02 ③　03 ④　04 ②

음료

CHAPTER

15

음료

음료는 체내 수분 균형을 유지할 뿐만 아니라 정신적, 육체적 피로감을 회복하는 효과가 있어 세계적으로 음용되고 있다.

스페인 발렌시아 지방의 동굴에서 발견된 벽화나 이집트 피라미드의 벽화 등을 통해 기원전 수천 년 전부터 인간이 음료를 마셨다는 사실을 알 수 있으며 커피는 600년경 예멘 지방의 양치기가 발견하면서 약재와 식음료로 이용되어 왔다.

우리나라에서는 후식류로 전통음료가 발달해 왔다. 차문화는 고려시대에 전성기를 맞이했으나 조선시대 승유억불 정책과 주자학의 대두로 차를 재배하던 사찰이 몰락하면서 차를 마시는 음다(飮茶) 풍습이 쇠퇴하고 대신 다양한 과일이나 약재를 이용한 차가 개발되었다. 대표적인 전통 음청류로는 차, 화채, 밀수, 식혜, 수정과, 탕, 갈수, 숙수 등이 있다.

1 탄산음료

- 탄산음료는 탄산가스를 첨가하여 독특한 향미를 주는 음료이다.
- 이산화탄소와 향기성분의 상호작용을 일으켜 청량감을 느끼게
  한다.

2 스포츠음료 또는 이온음료

- 탄산음료는 탄산가스가 10~12%인데 스포츠음료는 6~8%이다.
- 올리고당, 비타민이 첨가되어 물보다 10배 정도 체내 흡수가 빠르다.

3 과일 음료

- 과일음료 : 과일 착즙액 50% 이상
- 희석과즙음료 : 과일 착즙액 10% 이상 50% 미만 함유
- 과립과즙음료 : 과즙이 5% 이상 30% 이하 함유

4 커피

커피의 원산지는 에티오피아로, 초기에는 열매 전체를 먹거나 또는 갈아서 가루로 만들거나 지방과 섞어서 먹는 등 음식으로 이용하였다. 그러다가 열매에서 발효된 액을 얻어서 일종의 와인(wine)을 만드는 데 사용하였으며, 1000년경에는 뜨거운 음료로 이용하게 되었다. 15~16세기까지는 아라비아가 세계에서 가장 많은 커피를 생산하였지만 오늘날 세계 5대 커피 생산지는 브라질, 베트남, 인도네시아, 콜롬비아, 에티오피아이다.

- 커피의 향을 내주는 휘발성 물질로 주된 성분은 황화합물, 페놀화합물인데 대부분 휘발성이어서 가열하면 휘발되거나 변한다.
- 커피의 쓴맛은 폴리페놀 함량이 증가하는 데 기인하며 폴리페놀 물질로 탄닌과 같은 것이 쓴맛과 떫은맛을 낸다.
- 커피를 볶는 동안의 변화
  - 중량은 12~20% 감소하고 부피는 30~50% 증가하여 거칠고 부스러지기 쉽게 된다.
  - 탄수화물의 부분적 탄화, 캐러멜화, 아미노카르보닐 반응, 탄닌의 중합에 의해 커피열매의 색이 갈변하고 커피를 끓일 때 탄 냄새와 맛이 나게 된다.
  - 방향성 물질이 증가한다.

5 코코아와 초콜릿

- 코코아와 초콜릿은 카카오나무의 씨를 갈아서 만든다.
- 쓴맛을 줄이기 위해서 씨를 발효시켜서 말린다.
- 초콜릿은 지방함량이 50%이고 코코아는 22% 정도이다.
- 향미물질은 페놀화합물이며 theobromine과 카페인을 함유하고 있다.

6 차

차는 제조법에 따라 발효차와 비발효차, 형태에 따라 엽차, 말차, 단차 등으로 구분한다. 발효차는 발효 정도에 따라 약발효차, 반발효차, 강발효차, 후발효차가 있으며, 반발효차인 우롱차와 강발효차인 홍차가 많이 음용되고 있다. 비발효차는 찻잎을 솥에서 살짝 볶는 덖음차와 찻잎을 수증기로 30~40초 찌는 증제차가 있으며 이 외에 찻잎을 증기로 쪄낸 후에 덖어 주는 옥록차, 찻잎을 미세한 가루로 만든 가루차(말차) 등이 있다.

1) 녹차(비발효차)

- 차의 성분은 카페인, 폴리페놀, 비타민류, 아미노산, 엽록소, 유기산, 무기염류 등이다.

- 폴리페놀은 쓴맛, 떫은맛은 catechin이다.
- folacin을 함유하고 있어 철분 흡수에 나쁜 영향을 줄 수 있다.
- 차 끓이기
    - 차의 맛성분인 카테킨류, 카페인, 유리아미노산, 당 등은 차를 용출시키는 온도와 시간에 따라 성분 조성이 변하여 차의 맛을 다르게 한다.
    - 감칠맛을 주는 유리아미노산류는 60℃의 낮은 온도에서도 잘 용출되나 쓴맛을 주는 카페인, 떫은맛을 주는 카테킨, 당 등은 80℃ 이상의 높은 온도에서 용출되므로 온화한 좋은 맛을 원하는 상급차는 저온에서 용출시킨다.
- 연수를 사용한다.

2) 홍차(발효차)

- 찻잎을 따서 22~27℃ 온도에서 16~20시간 동안 방치하여 시들게 하고 20~26℃, 습도 95% 이상의 실내에서 4시간 발효시켜 열풍 건조하여 수분을 5% 이하로 만든다.
- 홍차는 녹차보다 탄닌 성분이 많고 물의 온도가 높을수록, 용출시간이 길수록 어두워지고 온도가 낮으면 혼탁해진다.
- ice tea를 만들 때는 짙게 용출시킨 홍차를 얼음 위에 끼얹어 급냉한다.
- 홍차에 중조를 함유한 감미제를 넣으면 색이 짙어지고 레몬을 넣으면 색이 엷어진다.

7 식혜

- 식혜는 겉보리를 싹 틔운 엿기름의 당화효소(amylase) 작용으로 밥알을 식혀 전분이 당화로 맥아당과 포도당으로 되어서 감미가 많이 생기도록 한 우리 전통음료로 엿기름의 활성 적온은 60~65℃이다.

연 · 습 · 문 · 제

01 녹차를 맛있게 끓이는 방법으로 옳지 않은 것은?

① 물은 장시간 끓이거나 한 번 끓인 물을 다시 끓여 사용하지 않는 것이 좋다.

② 차의 종류가 고급일수록 고온에서 단시간 끓여 내는 것이 좋다.

③ 물은 경수보다 연수를 사용하는 것이 좋다.

④ 차를 끓이는 기구는 금속 성분이 검출되지 않는 유리가 좋다.

02 홍차에 대한 설명으로 옳지 않은 것은?

① 홍차의 등급은 잎의 크기가 작을수록 높다.

② 홍차의 떫은맛은 산화되지 않은 카테킨과 테아플래빈에 의한 것이다.

③ 생선 조릴 때 식초를 넣으면 생선살이 단단해진다.

④ 차를 끓이는 기구는 금속 성분이 검출되지 않는 유리가 좋다.

03 커피 열매를 220℃ 전후의 온도에서 타지 않게 계속 저으면서 볶은 다음 되도록 빨리 냉각시키는 과정은 무엇인가?

① 인퓨징(infusing)　　　② 브루잉(brewing)

③ 로스팅(roasting)　　　④ 프레싱(pressing)

04 찹쌀가루를 여러 색으로 반죽하여 소를 넣고 빚어 삶은 다음 꿀물을 부어 먹는 우리나라 전통음료는?

① 계장　　　　　　　　② 수정과

③ 미수　　　　　　　　④ 원소병

✔ 정답　01 ②　02 ③　03 ③　04 ④

김건희 · 강일준 · 정윤화 · 한정아 · 황은선 · 윤기선 · 김묘정, 『재미있는 식품화학』, 수학사, 2012

김선아 · 문보경 · 이선미, 『조리과학』, KNOWPRESS, 2020

김향숙 · 오명숙 · 황인경, 『조리과학』, 수학사, 2014

노봉수 · 이승주 · 백형희 · 이재환 · 윤현근 · 정승현 · 이희섭, 『생각이 필요한 식품재료학』, 수학사, 2017

류무희 · 장혜진 · 황지희 · 오재복 · 김지영, 『新음료의 이해』, 파워북, 2011

변진원 · 송주은 · 김경임 · 이나겸 · 강민정, 『조리원리』, 파워북, 2021

손정우 · 송태희 · 신승미 · 오세인 · 우인애, 『조리과학』, 교문사, 2008

송태희 · 우인애 · 손정우 · 오세인 · 신승미, 『이해하기 쉬운 조리과학』, 교문사, 2020

신말식 · 이경애 · 김미정 · 김재숙 · 황자영 · 이선미, 『이해하기 쉬운 조리과학』, 파워북, 2021

안기정 · 최은희 · 유창희 · 고승혜, 『똑똑하게 풀어 쓴 조리원리』, 지식인, 2016

안미령 · 유주연 · 전태연 · 나정숙 · 배현수 · 이윤정 · 이미영 · 조한용, 『메뉴개발을 위한 조리원리(에센스)』, 지구문화사, 2014

안선정 · 김은미 · 이은정, 『새로운 감각으로 새로 쓴 조리원리』, 백산출판사, 2022

오세인 · 우인애 · 이병순 · 김동희 · 손정우 · 송태희 · 백재은, 『한눈에 보이는 실험조리』, 교문사, 2021

윤계순 · 이명희 · 류은순 · 민성희 · 신원선 · 정혜정 · 김지향 · 박옥진, 『새로 쓴 식품학 및 조리원리』, 수학사, 2014

이주희 · 김미리 · 민혜선 · 이영은 · 송은승 · 권순자 · 김미정 · 송효남, 『과학으로 풀어쓴 식품과 조리원리』, (주)교문사, 2012

정상열 · 조강옥, 『영양학을 고려한 최신조리원리』, 백산출판사, 2013

정재홍 · 김종현 · 김현영 · 윤보람 · 임용숙 · 전경열 · 정수근 · 최향숙, 『식품조리원리』, 광문각, 2022

조경련 · 김미리 · 김옥선 · 손정우 · 송미란 · 최향숙 · 최해연, 『이해하기 쉬운 식품과 음식재료』, 파워북, 2013

조영 · 김선아, 『조리원리』, KNOWPRESS, 2020

최지유 · 권수연 · 윤지현, 『조리원리 및 실습』, 양서원, 2013

하대중 · 황수영, 『조리원리의 이해』, 대왕사, 2017

한진숙 · 강희진, 『최신 식품조리원리』, 도서출판 효일, 2011

황인경 · 김미라 · 송효남 · 문보경 · 이선미 · 서한석, 『식품품질관리 및 관능평가』, (주)교문사, 2010

MARGARET MCWILLIAMS 저, 신말식 외 역, 『식품과 조리과학』, 라이프사이언스, 2001

大谷貴美子 · 饗庭照美, 『調理学実習』, 講談社サイエンティフィク, 2003

加藤保子 外, 『食品学総論』, 南江堂, 1998

川端晶子 · 畑照美 『調理学』, KENPAKUSA, 1997

山本茂 · 奥田豊子, 『食生活論』, 講談社サイエンティフィク, 2000

저자약력

이지헌

위덕대학교 외식조리제과제빵학부 교수
세종대학교 대학원 조리외식학 박사

이신정

위덕대학교 외식조리제과제빵학부 교수
영남대학교 대학원 생활과학 박사

조리 원리

2023년 8월 25일 초판 1쇄 인쇄
2023년 8월 30일 초판 1쇄 발행

지은이 이지현 · 이신정
펴낸이 진욱상
펴낸곳 (주)백산출판사
교 정 박시내
본문디자인 구효숙
표지디자인 오정은

등 록 2017년 5월 29일 제406-2017-000058호
주 소 경기도 파주시 회동길 370(백산빌딩 3층)
전 화 02-914-1621(代)
팩 스 031-955-9911
이메일 edit@ibaeksan.kr
홈페이지 www.ibaeksan.kr

ISBN 979-11-6567-706-0 93590
값 23,000원